U0268082

无损检测技术应用

主　编　喻星星　曹　艳
副主编　朱　颖　史洪源
参　编　都昌兵　王也君

北京理工大学出版社
BEIJING INSTITUTE OF TECHNOLOGY PRESS

内 容 简 介

本书主要内容包括无损检测技术简介、超声检测技术应用、磁粉检测技术应用、渗透检测技术应用、射线检测技术应用、涡流检测技术应用及相关职业资格取证考试一次性规定。主要从检测技术介绍、检测设备性能测试、设备使用、检测方法、典型构件的检测、检测报告签发、检测工艺（操作指导书编制）以及"岗课赛证"融合等方面进行介绍。同时，紧跟现代信息化教学要求，将一些重要的设备性能测试、设备使用及检测操作方法视频化，方便学生自主学习；利用航空无损检测、无损检测爱好者、质检联盟、无损检测 NDT 等网络公众号，融入无损检测行业专家的经验分享，进一步提升学生对无损检测技术的认知。

本书可作为高等院校理化测试与质检技术（无损检测方向）专业学生教材使用，也可作为飞机维修、发动机维修、通用航空器维修、复合材料技术工程、焊接技术专业或其他相关专业的参考教材和无损检测技术的系统培训教材。

图书在版编目（CIP）数据

无损检测技术应用 / 喻星星，曹艳主编. -- 北京：
北京理工大学出版社，2021.10
　ISBN 978-7-5763-0533-3

Ⅰ. ①无… Ⅱ. ①喻… ②曹… Ⅲ. ①无损检验
Ⅳ. ①TG115.28

中国版本图书馆CIP数据核字（2021）第215261号

出版发行 / 北京理工大学出版社有限责任公司	
社　　址 / 北京市海淀区中关村南大街5号	
邮　　编 / 100081	
电　　话 / （010）68914775（总编室）	
（010）82562903（教材售后服务热线）	
（010）68944723（其他图书服务热线）	
网　　址 / http://www.bitpress.com.cn	
经　　销 / 全国各地新华书店	
印　　刷 / 河北鑫彩博图印刷有限公司	
开　　本 / 787毫米×1092毫米　1/16	
印　　张 / 12.5	责任编辑 / 阎少华
字　　数 / 280千字	文案编辑 / 阎少华
版　　次 / 2021年10月第1版　2021年10月第1次印刷	责任校对 / 周瑞红
定　　价 / 65.00元	责任印制 / 边心超

图书出现印装质量问题，请拨打售后服务热线，本社负责调换

前　言

在《中国制造 2025》国家战略文件中，我国政府明确将质量检测确定为生产性服务业、高技术服务业、科技服务业的重要门类。习近平总书记十九大报告第八部分"提高保障和改善民生水平，加强和创新社会治理"中指出："树立安全发展理念，弘扬生命至上、安全第一的思想，健全公共安全体系，完善安全生产责任制，坚决遏制重特大安全事故，提升防灾减灾救灾能力"。无损检测人员致力于航空航天、特种设备、轨道交通、电力、核能、船舶、石油化工等工业领域及社会公共安全领域的产品质量安全检测，被誉为工业医生、工业生产的安全卫士，其岗位职责光荣神圣。高等院校理化测试与质检技术（无损检测方向）专业是培养一线无损检测人员的主阵地，为祖国建设培养了大批质量检测方面的高素质技能型人才。随着我国由制造大国向制造强国迈进，对无损检测人员需求日益增加，且对人员职业素养提出了更高要求。

本书是为了满足学生在校技能培养目标，为学生能够快速走向无损检测工作岗位，增强其实践动手能力，使其获得必备的无损检测专业知识技能，提升职业素养，促进无损检测专业教学和培训的系统化而编写的立体化教材。同时聚焦《国家职业教育改革实施方案》提出的新任务新要求，积极探索"岗课赛证"融合模式，以企业无损检测员岗位要求为目标构筑教学内容，以赛促学检验学习效果，考取职业技能等级证书，具备上岗能力。

本书包含 6 个主要项目：无损检测技术简介、超声检测技术应用、磁粉检测技术应用、渗透检测技术应用、射线检测技术应用、涡流检测技术应用。它是专业核心课程"超声波检测""磁粉检测""渗透检测""射线检测""涡流检测"的重要实践指导书。本书编写过程中首先考虑任务的必要性，精选的每项任务都是实际工作中要求必须掌握的技能，同时兼顾任务的可实现性，绝大部分任务采用无损检测常规教学检测设备均可实现。本书编写特色主要有以下几点：

1. 立足无损检测职业岗位特色，为学生提供实用的岗位技能学习内容。

2. 融入无损检测技术发展历程，以让更多的人了解我国无损检测技术的发展历史。

3. 依托专业教学资源库，操作过程可视化，用手机微信扫码即可观看操作视频。

4. 借助航空无损检测、无损检测爱好者、质检联盟、无损检测 NDT 等网络公众号资源，进一步提升学生对无损检测技术的认知。

5. "岗课赛证"相融通，将岗位要求、竞赛要求、证书要求贯穿于学习中，充分体现了对接岗位、理实一体、以学生为中心的高等教育特色。

在编写过程中，编者参阅了国内外出版的有关教材和资料，除获得教研室其他老师支持外，还得到了南通友联数码技术开发有限公司、厦门爱德森电子有限公司、山东瑞祥模具有限公司有关领导的大力支持，另外，长沙航空职业技术学院理化测试与质检技术专业 2019 级学生余成才、兰键强、杨斌、汤化亿等为书中视频等资源的制作提供了很多帮助，在此一并表示感谢！

由于编写时间仓促，加之编者水平有限，书中不妥之处在所难免，恳请读者批评指正。

编　者

目录 Contents

06

项目六　涡流检测技术应用 / 152

附录 / 185

参考文献 / 192

项目一

01 无损检测技术简介

【学习目标】

【知识目标】

（1）掌握无损检测的定义、常用方法种类及技术特点；

（2）了解常用无损检测方法的起源及其发展过程；

（3）知道无损检测技术的一般执行程序及相关技术文件要求。

【技能目标】

（1）通过对本项目的学习，对无损检测职业有较好的认识；

（2）能够根据被检对象特点及不同检测方法的原理，进行检测方法的合理选择；

（3）能够依据技术标准正确执行检测程序，并填写检测记录及检测报告。

【素质目标】

（1）通过对无损检测职业性质的学习，初步形成质量安全卫士的责任意识；

（2）作为产品质量的捍卫者，自身质量过硬是前提，努力做好一名无损检测工匠。

任务一 认识无损检测技术

无损检测是一个可能不会每天听到的术语。但是，它在确保我们的世界安全方面发挥着重要作用，并被用来检测每天接触的许多东西。无损检测是指在不破坏被检对象的前提下，对零件和材料进行测试或检查。读者可能已经从医疗行业中了解了一些无损检测的方法，如 X 射线检查和超声波检查等，如果医生怀疑病人可能骨折了，就会对其进行 X 光检查。在工业产品"体检"过程中，会以类似的方式使用 X 射线来检查组件的内部特征是否有问题。"无损检测"的被检对象通常指的是工业产品，像飞机、高铁、汽车上许多重要的零件就需要通过无损检测方法来确保其没有可能导致事故的缺陷。在其他许多行业，同样需要无损检测以确保零件没有导致客户不满意的缺陷。下面借助英国无损检测学会拍摄的一段宣传片简要介绍无损检测技术在人们日常生活中的应用情况（请扫描二维码1-1-1）。

无损检测职业（新版职业大典已收入无损检测职业）提供了许多就业机会，同时它对从事该项职业的人员也提出了较高的要求。从事该职业的人员需要具有扎实的数学和科学背景，接受过专门的培训，并取得相应的执业资格证，才可以从事这一领域的工作（请扫描二维码1-1-2了解2015版职业大典无损检测职业相关介绍）。

二维码 1-1-1　无损检测技术应用　　　　　　二维码 1-1-2　新版职业大典无损检测职业介绍

■ 一、无损检测的定义

依据能源部《承压设备无损检测》（NB/T 47013.1 ～ 47013.13）技术标准规定，无损检测是指在不损害或不影响被检测对象使用性能，不伤害被检测对象内部组织的前提下，利用材料内部结构异常或缺陷引起的热、声、光、电、磁等反应的变化，以物理或化学方法为手段，借助现代化的技术和设备器材，对试件内部及表面的结构、性质、状态及缺陷的类型、性质、数量、形状、位置、尺寸、分布及其变化进行检查和测试的方法。

■ 二、无损检测方法

无损检测方法很多，广义上来说，手拍西瓜辨别西瓜是否成熟、敲瓷碗听声音辨别是否有裂纹都是生活中用到的无损检测技术，而工业中用到的无损检测技术如同人体体检一般，可用的检测方法则各具特色，据美国国家宇航局调研分析，其认为工业中用到的无损检测方法可分为六大类，70 余种，但在实际应用中比较常见的主要有六种，即：目视检测（VT）、涡流检测（ECT）、射线照相检验（RT）、超声检测（UT）、磁粉检测（MT）和渗透检测（PT）。常用的其他无损检测方法有：声发射检测（AE）、热像／红外（TIR）、泄漏检测（LT）、交流场测量技术（ACFMT）、漏磁检测（MFL）、远场涡流检测方法（RFEC）、脉冲涡流检测技术（PEC）、超声波衍射时差法（TOFD）、超声相控阵（PAUT）等（二维码 1-1-3 详细介绍了几种常用无损检测方法的原理及操作过程；二维码 1-1-4以空客飞机为例，对飞机常用无损检测方法进行了统计，并对其今后的发展趋势进行了分析）。

二维码 1-1-3　常用无损检测方法原理及操作过程　　　　二维码 1-1-4　飞机常用无损检测方法

■ 三、无损检测技术特点

与破坏性检测相比，无损检测有以下特点。

1．非破坏性

因为无损检测不会损害被检测对象的使用性能，在获得检测结果的同时，除了剔除不合格品外，不损害合格零件，检测规模不受零件多少的限制，既可抽样检验，又可在必要时采用普检，因而，更具有灵活性（普检、抽检均可）和可靠性。非破坏性是无损检测技术的前提条件。

2．全面性

由于无损检测是非破坏性的，因此必要时可对被检测对象进行 100% 的全面检测，这是破坏性检测所不能及的。

3．全程性

破坏性检测一般只适用于对原材料的检测，如机械工程中普遍采用的拉伸、压缩、弯曲等试验。破坏性检测都是针对制造用原材料进行的，对于生产成品和在用品，除非不准备让其继续服役，否则是不能进行破坏性检测的，而无损检测因不损坏被检测对象的使用性能，所以其不仅可对制造用原材料、各中间工艺环节、生产成品进行全程检测，也可对服役中的设备进行检测。

4．互容性

互容性是指检测方法的互容性，即同一零件可同时或依次采用不同的检测方法，而且又可重复地进行同一检验。这也是无损检测带来的好处。例如：航空发动机叶片从生产到服役过程中会用到射线、渗透、涡流等一系列的无损检测方法。

5．动态性

动态性是指无损检测方法可对使用中的零件进行检测，而且能够适时考察产品运行期的累计影响，有助于查明结构的失效机理。

6．严格性

无损检测技术被誉为工业生产的安全卫士，是工业发展必不可少的有效工具。无损检测过程需要使用专用检测仪器和设备；无损检测人员需要进行过专门的训练，在取得相应无损检测方法资格准入证后才能从事相应检测方法的检测工作，同时，其操作过程必须严格按照检测规程和技术标准进行。

■ 四、思考

想想在平常的生活中，遇见的哪些活动可以称为无损检测？

任务二　了解无损检测技术发展的过程

中国无损检测历史挖掘远远落后于各发达国家，尚未引起业界的应有关注，且中华人民共和国成立前的史料几乎为零。"中国的无损探伤始于何时、何地、何人",南京燃气轮机研究所的仲维畅老师为此做了大量工作,在此摘录仲老师在《无损检测》期刊发表的《中国无损检测简史》部分内容,以让更多的人了解我国无损检测技术的发展历史。

■ 一、我国传统的"无损检测"技术

(1)中医靠"望、闻、问、切"诊病,其中的"切"即切脉、按脉——由感触到患者的脉搏来判断疾病的种类、所在和轻重,而"望"就是目视观察。显然"望""闻"和"切"即是我国最古老的"无损检测",在《黄帝内经》中已有此等记载,更不用说司马迁《史记》中的(战国人)《扁鹊传》了。

(2)东汉顺帝阳嘉元年(公元132年)太史令张衡(河南南阳西鄂人,公元78—139年)发明"候风地动仪"——世界最早的地震仪。《后汉书》载:"……尝一龙机发,而地不觉动,京师学者咸怪其无征,后数日驿至,果地震陇西,于是皆服其妙。"这是我国最早用仪器进行的无损检测。

(3)唐朝杜佑(公元731—812年)所撰《通典》《拒守法》中载"地听:于城内八方穿井各深二丈,以新罂(小口大腹之盛酒瓦器)用薄皮裹口如鼓,使聪耳者于井中,讬罂而听,则去城五百步内悉知之。"这种方法可以防备敌方(特别是骑兵)的突然袭击。说明我国唐朝天宝年(公元742—755年)前早已掌握此项技术。

(4)根据硬物敲击木材、石料、墙壁等发出的声音来判断它们质地的优劣——有无空腔、破裂等缺陷。历史悠久,始于何时待查。

(5)瓷器店员双手抛接稻草捆成的瓷碗束把(每束把捆瓷碗数十),凭束把落回双手时的声音辨别瓷碗在运输过程中有无破损。历史悠久,时间待查。

(6)由银元互撞发出的声音辨别其真伪——含银量的多少。始于18世纪墨西哥"鹰洋"输入我国之时。

(7)铁路检车员用小锤敲击火车轮对,根据声音判别其中有无故障。始于19世纪我国引进铁路火车之时。

■ 二、射线检测

(1)我国的医疗X光室最迟已于1915年在山东济南出现,因为成立于1903年的济南共合医道学堂(The Union Medical College at Tsinafu,齐鲁大学前身之一)"1915年新建病房大楼竣工,设普通病房10间及隔离病房数间,有病床115张,分内科、外科、妇科、儿科、眼科、耳鼻喉科、皮花科、牙科等,以及X光室、检验室、手术室和配药室等"。"在省内最早建立X光室,并配备了当时全省唯一的暴露式的X线管机器"。

(2)北京宋庆龄故居内陈列着一台X光机,标明"1939年新加坡华侨捐赠,史迪威将军命美军空运延安。"该机由高压变压器、操纵台、X光管、显示荧光屏及支撑架等部分组成,峰值电压为90 kV,管电流分5 mA、10 mA、30 mA三挡,是美国芝加哥的H GFischer&Co 的产品。

(3)抗日战争初期美国志愿航空队(飞虎队)来华对日作战。珍珠港事变后,美国正

式参战，大批战斗机、轰炸机、运输机飞到我国西南。其维修、保养都离不开无损探伤，美国人不会忘记携带关系自身人机安全的 X 光设备，因为当时英国的 Dr RHalmshaw 就是为英皇家空军的飞机进行 X 光探伤有功，战后被封为爵士，并长期担任英国无损检测学会会刊《The British Journal of Non——Destructive Testing》主编及荣誉主编的。所以，工业 X 光探伤技术预计最迟在抗战胜利之后由美国传入。

（4）中华人民共和国成立后我国从苏联、东德、捷克、匈牙利等国家引进了大量工业探伤和医疗 X 光机，以及射线探伤技术（多为苏联、捷克的来华专家传授）。1959 年中苏关系破裂后我国开始向西方世界购买探伤设备，如西德的 ISOVOLT-400 型 X 光机等。

（5）1950 年上海机械技术讨论会中陈学俊主讲《现代锅炉的发展情形和制造方法》时介绍了 X 光检验。以后，这方面的专著、论文相继问世。

（6）1953 年 10 月上海精密医疗器械厂试制成功 100 kV 医用大型 X 光机。

（7）1966 年丹东工业射线仪器厂仿制苏联的 200 kV 工业 X 光机获得成功。

（8）1966 年第一机械工业部电气科学研究院等多个单位共同研制出了电子回旋加速器。

■ 三、磁粉探伤

（1）1939 年 3 月 24 日原任新加坡英商摩利斯公司高级技师的海南籍华侨王文松抵达昆明（为第 2 批回国参加抗日战争的南洋华侨机工的机修领队），最先为中国引进了磁粉探伤技术（带回了磁粉探伤仪和检测技术）。

（2）"昆明（中国空军）第十修理厂，1941 年时，全厂有 200 多人，1942 年起，美国陈纳德领导的'志愿队'或'飞虎队'所用的 P-40 式飞机，常在第十厂修理…到抗战后期…又添了两个小的活动压气机，此外还增加了两种汽化器流量台…一个磁力探伤设备和一些其他简单的检验设备"。——证明在此期间磁粉检测技术已有应用。

（3）南京航空航天大学胡传泰教授（时任台中第三飞机制造厂技术员）告知"1946 年，我在位于台湾台中的第三飞机制造厂工作。1947 年，副厂长唐勋治在上海采购过美国生产的磁力探伤设备及其他设备，安装调试后应用于生产。当时在贵州大定还有一航空发动机厂，较完整地有那时的先进设备，想来也应该具有磁力探伤设备"。

（4）中国人民解放军空军组建时的老工程师岳尤斌介绍"1950 年沈阳 111 厂某人曾去天津购买磁粉探伤机，驻该厂的苏联专家亦同行"。

（5）1953 年以后逐渐出现了有关磁粉探伤的文献。

（6）1995 年夏仲老请南京金陵机械集团公司的黄廉华技师做工件表面小孔的磁粉探伤试验，他就是在一台美国的直流磁粉探伤机上进行的。该设备是国民党南京明故宫飞机场维修部遗留下来的，用电瓶供电。据说北京南苑机场维修厂也有台同样的设备。

以上材料证明磁粉探伤技术早在中华人民共和国成立前就已由美国大量引入中国。

■ 四、渗透检测

目前，尚未确切地查明渗透检测起源于何时。这种技术可能在 19 世纪初已开始被这样一些金属加工者使用：他们注意到淬火液或清洗液从肉眼看不清的裂纹中渗出。另外，人们也曾利用铁锈检查裂纹。户外存放的钢板，如果钢板表面有裂纹，水渗入了裂纹，形成了铁锈，裂纹上的铁锈比其他地方要多。因此，根据铁锈的位置，可以确定钢板上裂纹的位置。

但是，19世纪末期，铁道车轴、车轮、车钩的"油－白法"检查，是公认的渗透检测方法最早的应用。这种方法是将重滑油稀释在煤油中，得到一种混合体作为渗透剂；将工件浸入渗透剂中，一定时间后，用浸有煤油的布把工件表面擦净，再涂上一种白粉加酒精的悬浮液，待酒精自然挥发后，如果工件表面有开口缺陷，则在工件表面均匀的白色背景上出现显示缺陷的深黑色痕迹。

1930年以前，渗透检测发展较慢。1930年以后一直到第二次世界大战期间，随着航空工业的发展，非铁磁性材料（铝合金、镁合金、钛合金）大量使用，促进了渗透检测的发展。

从20世纪30年代到40年代初期，美国工程技术人员斯威策（R.C.Switzer）等人对渗透剂进行了大量的试验研究。他们将着色染料加到渗透剂中，增加了裂纹显示的颜色对比度；将荧光染料加到渗透剂中，用显像粉显像，并且在暗室里使用黑光灯观察缺陷显示，显著地提高了渗透检测灵敏度，使渗透检测进入新阶段。

随着现代科学技术的发展，高灵敏度及超高灵敏度的渗透剂相继问世；渗透材料逐渐形成系列，试验方法及手段趋于完善，已经实现标准化及商品化；在提高产品检验可靠性、检验速度及降低成本方面，也取得了新成果。渗透检测已经成为检查表面缺陷的三种主要无损检测方法（磁粉检测、渗透检测、涡流检测）之一。

■ 五、超声波检测

（1）"1952年铁道科学院仿苏联超声波探伤仪成功"（见中国超声波探伤仪之父、原江南造船厂雷达工程师宗立德在1966年全国仪器仪表展览会无损探伤技术交流座谈会上的大会报告《我国超音波探伤仪发展史》）。2010年9月全国无损检测学会王务同先生答仲老问时证实，研制人为孙大雨，仿 y3Ⅱ-12型仪器。

（2）"1953年江南造船厂开始研制超声波探伤仪，自行设计电路，同时烧制钛酸钡压电陶瓷，于1955年获得成功，生产了江南-Ⅰ，江南-ⅠB，江南-ⅠC、江南-Ⅱ、江南-Ⅲ各型超声波探伤仪3 700多台，满足了当时国内的需求"。

（3）随着国内技术的发展，目前国内工业超声波探伤仪生产商已经很多，典型代表企业有南通友联、武汉中科、汕头超声等，他们研制的常规数字超声仪、超声相控阵、TOFD检测设备以及配件等都具有较好性能，能够与国外相关产品媲美。

■ 六、电磁涡流检测

（1）南京金城机械厂的岳允斌工程师于1962～1964年间研制出两种涡流电导仪，分别用于入厂有色金属和钢铁材料的混料分选，并在66-60会上展出和介绍。

（2）1966年六院六所的陈小泉在66-60会上介绍了新研制出的便携式6442型涡流探伤仪。

（3）目前国内涡流检测设备的典型代表企业是厦门爱德森电子有限公司，其生产的涡流设备达到国际先进水平，广泛应用于航空航天、特种设备、汽车以及教学领域。

■ 七、我国无损检测教育的发展历程

无损检测（NDT）在现代工业中的重要意义已被广泛接受和认同，事实上，一个国家的无损检测水平代表了这个国家的工业现代化程度。因而，世界许多国家的高校和研究机构都积极开展无损检测高等教育，以培养多层次的专业人才。各国无损检测高等教育的模式不尽相同，培养学生的课程设置也不同。

我国的 NDT 始于 20 世纪 50 年代。当时教育的主要方式是短期培训，主要分布在我国东北、华北、华东等地。20 世纪 80 年代初开始引入 NDT 资格认证，要求持证上岗。直到 1982 年，南昌航空工业学院（现在的南昌航空大学）招收第一批本科生，开创了我国 NDT 高等教育的先河。目前，我国先后有大连理工大学、华东理工大学、清华大学、北京航空航天大学、南京航空航天大学、中国科学院、机械科学研究院等共约 30 所高校和科研院所承担了 NDT 专业人才培养工作，其中大多数为本科和研究生教育，为我国培养了大批 NDT 技术骨干、工程师和管理者。与此同时，我国各工业领域如特种设备、机械、航空航天、电力、核工业、化工、船舶、民航以及学会等都相继开始建立 NDT 人员资格鉴定机构，并开展 NDT 培训和资格鉴定，为提高行业人员的素质起到了积极的作用。20 世纪 90 年代，以辽宁机电职业技术学院、湖南省劳动人事学院、长沙航空职业技术学院（空军航空维修技术学院）、深圳职业技术学院、海军航空工程学院、陕西工业职业技术学院为代表的高等、中等职业教育开始起步，成为 NDT 教育的重要力量，为我国培养了大批面向生产一线的实用型人才。

我国 NDT 高等教育中的本科和研究生教育偏重，职业教育偏轻，因此，应大力发展无损检测高职教育。实践表明，一个检测机构中，全面负责 NDT 技术管理的工程师（或Ⅲ级人员）仅需极少数，而大量需要的是高素质的、具有实际操作经验的操作员，因为，当检测工艺、规范确定后，操作者的素质是保证质量的关键。在实际工作中，正缺少一批高素质且经验丰富的操作者，而让大多数本科毕业生去做操作者，这显然是一种资源的浪费。所以，应通过大力发展高等职业技术教育来培养大批高素质的 NDT 操作者。二维码 1-2-1 以长沙航空职业技术学院检测专业发展过程为例，介绍了无损检测职业教育的发展过程。

二维码 1-2-1　无损检测职业教育的发展过程
（以长沙航空职业技术学院为例）

■ 八、思考

（1）请通过查找相关资料，确定你所在学校无损检测教学的历史发展过程。

（2）通过实地考察，根据你所在学校的无损检测设备，进一步了解无损检测技术在你校的发展过程。

任务三　了解无损检测的一般检测程序

■ 一、编制工艺文件

检测单位应制定无损检测工艺文件，无损检测工艺文件包括工艺规程和操作指导书。应根据相关法规、产品标准、有关的技术文件和标准的要求，并针对本检测单位的特点和技术条件编制工艺规程；工艺规程应按相应标准的规定明确其相关因素的具体范围或要求，如相关因素的变化超出规定时，应重新编制或修订。

应根据工艺规程并结合检测对象的具体检测要求编制操作指导书；操作指导书中的内容应完整、明确和具体；操作指导书在首次应用时应进行工艺验证，验证可采用对比试块、模拟试块或直接在检测对象上进行。

■ 二、确定检测人员

从事承压设备、航空航天、核电、船舶、轨道交通、电力、建筑等行业无损检测的人员，应按照相关行业无损检测人员考核的相关规定取得相应无损检测人员资格。无损检测人员资格级别一般分为Ⅰ级（初级）、Ⅱ级（中级）和Ⅲ级（高级）。取得不同无损检测方法、不同资格级别的人员，只能从事与该方法和该资格级别相应的无损检测工作。二维码 1-3-1 对特种设备无损检测人员考核规则进行了介绍。

二维码 1-3-1　特种设备无损检测人员考核规则

■ 三、检测设备和器材的准备

检测设备和主要器材应附有产品质量合格证明文件，应符合其相应的产品标准规定，且其性能应满足相应标准［如特种设备行业应满足《承压设备无损检测》（NB/T 47013.1～47013.13）的要求］中规定的有关要求并提供证明文件。对于可反复使用的无损检测设备和灵敏度相关器材，为确保其工作性能持续符合相应标准各部分的有关要求，承担无损检测的单位（即检验检测机构或企业的检测部门，以下简称检测单位）应定期（每年或更长周期，按本标准各部分的有关要求确定）进行检定、校准或核查，并在检测单位的工艺规程中予以规定。

■ 四、检测场所和环境条件的检查

检测场所和环境包括但不限于能源、照明和环境条件（包括风速、温度、湿度等因

素），应有助于无损检测的有效实施。除应符合国家和地方有关环境卫生和劳动保护的法规外，还应尽量避免对人体有较大影响，可能干扰正常操作、观察和判断的场所和环境。当检测场所和环境对检测质量有影响时，应采取有效的控制措施，同时监测和记录环境条件；当环境条件危及检测结果时，应停止检测。应将不相容活动的相邻区域进行有效隔离，采取措施防止相互干扰。

■ 五、安全防护的准备

安全防护措施至少应考虑如下因素：

（1）部分无损检测方法会产生或附带产生放射性辐射、电磁辐射、紫外辐射、有毒材料、易燃或易挥发材料、粉尘等物质，这些物质对人体会有不同程度的损害；

（2）在实施无损检测时，应根据可能产生的有害物质的种类，按有关法规或标准的要求进行必要的防护和监测，对相关的无损检测人员应采取必要的劳动保护措施；

（3）在封闭空间内进行操作时，应考虑氧气含量等相应因素，并采取必要的保护措施；在高空进行操作时，应考虑人员、检测设备器材坠落等因素，并采取必要的保护措施；

（4）在极端环境下进行操作时，如深冷、高温等条件下，应考虑冻伤、中暑等因素，并采取必要的保护措施；

（5）如环境中存在有毒有害气体等可能损害人体的各种因素，在实施无损检测时，应仔细加以辨识，并采取必要的保护措施。

■ 六、检测对象的准备

对一般无损检测对象而言，首先必须目视检测合格，其被检测区域或者扫查区域需满足检测技术标准要求，如不能有油污，覆盖层、粗糙度等符合相关技术要求。

■ 七、检测操作

严格按照无损检测相关技术标准执行检测操作。

■ 八、检测设备复核（有要求时）

对于可反复使用的无损检测设备和灵敏度相关器材，为维持其可信度，在检定、校准或核查周期内，应按相应标准各部分中的有关要求进行运行核查，运行核查的项目、周期和性能指标应在检测单位的工艺规程中予以规定。同时，每次无损检测前，应按相应标准各部分中的有关要求进行检查，检查的项目应在检测单位的操作指导书中予以规定。

■ 九、检测结果的评定

严格按照无损检测相关技术标准执行检测结果的评定。

■ 十、填写检测记录

无损检测记录应真实、准确、完整、有效，并经相应责任人员签字认可，无损检测记录的保存期应符合相关法规标准的要求，且不得少于 7 年。7 年后，若用户需要，可将原始检测数据转交用户保管。无损检测记录至少应包含以下内容：

（1）记录编号；

（2）依据的操作指导书名称或编号；

（3）检测技术要求：执行标准和合格级别；

（4）检测对象：承压设备类别，检测对象的名称、编号、规格尺寸、材质和热处理状态、检测部位和检测比例、检测时的表面状态、检测时机；

（5）检测设备和器材：名称、规格型号和编号；

（6）检测工艺参数；

（7）检测示意图；

（8）原始检测数据；

（9）检测数据的评定结果；

（10）检测人员；

（11）检测日期和地点。

■ 十一、出具检测报告

无损检测报告应符合相关标准的有关要求，其编制、审核应符合相关法规或标准的规定，保存期应符合相关法规标准的要求，且不得少于 7 年。无损检测报告至少应包含以下内容：

（1）报告编号；

（2）检测技术要求：执行标准和合格级别；

（3）检测对象：承压设备类别，检测对象的名称、编号、规格尺寸、材质和热处理状态、检测部位和检测比例、检测时的表面状态、检测时机等；

（4）检测设备和器材：名称和规格型号；

（5）检测工艺参数；

（6）检测部位示意图；

（7）检测结果和检测结论；

（8）编制者（级别）和审核者（级别）；

（9）编制日期。

二维码 1-3-2　无损检测
报告的基本形式

二维码 1-3-2 以超声检测报告为例介绍无损检测报告的基本形式。

■ 十二、思考

从一般检测程序看，无损检测是如何保障检测结果可靠性的？

超声检测技术应用

【学习目标】

【知识目标】

（1）理解超声检测的基本原理、应用特点、分类方法及其优缺点；

（2）掌握超声检测仪器、探头及其组合性能的测试原理；

（3）掌握超声检测操作指导书的内容要求。

【技能目标】

（1）能够依据超声检测技术标准，对仪器、探头及其组合性能进行测定；

（2）能够依据超声检测技术标准，对锻件、钢板及钢板对接焊缝实施超声检测，并对发现的缺陷进行评定和签发报告；

（3）能够根据被检对象特点及技术要求，编制简单的超声检测操作指导书。

【素质目标】

（1）能够严格按照技术规范执行设备性能测定及产品检测；

（2）认真进行波形分析，无漏检、零误判，精益求精，对产品检测结果高度负责；

（3）爱护超声检测设备，做好检测后仪器设备及被检试件的后处理工作；

（4）具有自主学习的能力，善于观察、思考和创新，能够快速适应新兴的超声检测方法。

 岗课赛证

（1）对应岗位：无损检测员 – 超声检测技术岗；

（2）对应赛事及技能："匠心杯"装备维修职业技能大赛、全国工程建设系统职业技能竞赛、全国特种设备检验检测行业职业技能竞赛、全国大学生无损检测技能竞赛等赛事超声检测技能；

（3）对应证书：轨道交通装备 1+X 无损检测职业技能等级证书（超声）、特种设备无损检测员职业技能证书（超声）、中国机械学会无损检测人员资格证书（超声）、航空修理无损检测人员资格证书（超声）等。

任务一　超声检测技术认知

■ 一、什么是超声波

人们日常能听到各种声音，是由于各种声源的振动通过空气等弹性介质传播到耳膜引起耳膜振动，牵动听觉神经，产生听觉。但并不是任何频率的振动都能引起听觉，只有频率在一定的范围内的振动才能引起听觉。人们把能引起听觉的机械波称为声波，频率为 20 ～ 20 000 Hz。频率低于 20 Hz 的机械波称为次声波，频率高于 20 000 Hz 的机械波称为超声波。次声波和超声波，人是听不到的。超声波的频率很高，由此带来的一些特殊性能，使其能广泛用于无损检测。其主要的特性有以下几点。

1．良好的方向性

超声波是频率很高、波长很短的机械波，在超声检测中使用的波长为毫米数量级，对于宏观缺陷检测的超声波，其常用频率为 0.5 ～ 25 MHz，对钢等金属材料的检测，常用频率为 0.5 ～ 10 MHz。超声波像光波一样具有良好的方向性，可以定向发射，犹如手电筒发出的一束光，可以在黑暗中找到所需物品一样，在被检材料中发现缺陷。

2．高能量

超声波的频率远高于声波，而能量（声强）与频率平方成正比，因此超声波的能量远大于声波的能量，如频率为 1 MHz 的超声波，其能量相当于 1 kHz 声波的 100 万倍。

3．穿透能力强

超声波在大多数介质中传播时，传播能量损失小，传播距离大，穿透能力强，在一些金属材料中其穿透能力可达数米。这是其他检测手段无法比拟的。

4．能在界面上产生反射、折射、衍射和波形转换

在超声检测中，特别是在脉冲反射法检测中，利用了超声波几何声学的一些特点。

（1）反射特性——利用异质界面超声波反射回波检测不连续性。

（2）折射特性——利用异质界面超声波折射，检测倾斜的不连续性以及制作斜角探头等。

（3）衍射特性——利用超声波在裂纹尖端衍射，测量裂纹高度、检测不连续性——TOFD 技术。

（4）波形转换——超声波入射到异质界面时，除产生入射波同类型的反射和折射波外，还会产生与入射波不同类型的反射或折射波，这种现象称为波形转换——横波斜探头的制作。

（5）速度特性——测量应力、浓度、孔隙率、针孔度等。

（6）衰减特性——测量晶粒度。

表 2-1-1 给出了常用固体材料的密度、声速与声阻抗值。

表 2-1-1　常用固体材料密度、声速与声阻抗

种类	ρ（密度）/（g·cm⁻³）	σ（弹性模量）	C_{Lb}（细棒）/（m·s⁻¹）	C_L（纵波声速）/（m·s⁻¹）	C_S（横波声速）/（m·s⁻¹）	$Z=\rho C_L$（声阻抗）/[10⁶ g·（cm²·s）⁻¹]
铝（Al）	2.7	0.34	5 040	6 260	3 080	1.69
铁（Fe）	7.7	0.28	5 180	5 850～5 900	3 230	4.50
铸铁	6.9～7.3			3 500～5 600	2 200～3 200	2.5～4.2
钢	7.8	0.28		5 880～5 950	3 230	4.53
铜（Cu）	8.9	0.35	3 710	4 700	2 260	4.18
有机玻璃	1.18	0.324		2 730	1 460	0.32
聚苯乙烯	105	0.341		2 340～2 350	1 150	0.25
环氧树脂	1.1～1.25			2 400～2 900	1 100	0.27～0.36
尼龙	1.1～1.2			1 800～2 200		0.198～0.264

超声波除用于无损检测外，还可以用于机械加工，如加工红宝石、金刚石、陶瓷、石英、玻璃等硬度特别高的材料，也可以用于焊接，如焊接钛、钽等难焊金属。此外，在化学工业上可利用超声波催化、清洗等，在农业上可利用超声波促进种子发芽，在医学上可利用超声波进行诊断、消毒等。

■ 二、什么是超声检测

超声检测一般是指使超声波与工件相互作用，就反射、透射和散射的波进行研究，对工件进行宏观缺陷检测、几何特性测量、组织结构和力学性能变化的检测和表征，并进而对其特定应用性进行评价的技术。在大多数行业中，超声检测通常指宏观缺陷检测和材料厚度测量。

超声检测是五大常规无损检测技术之一，是目前国内外应用最广泛、使用频率最高且发展较快的一种无损检测技术，是产品制造中实现质量控制、节约原材料、改进工艺、提高劳动生产率的重要手段，也是设备维护中不可或缺的手段之一。

超声检测的适用范围非常广，从检测对象的材料来说，可用于金属、非金属和复合材料；从检测对象的制造工艺来说，可用于锻件、铸件、焊接件、胶结件等；从检测对象的形状来说，可用于板材、棒材、管材等；从检测对象的尺寸来说，厚度可小至 1 mm，还可大至几米；从被测缺陷部位来说，既可以是表面缺陷（常规超声检测由于盲区和近场区的影响，对表面及近表面缺陷的检测能力受到一定的限制），也可以是内部缺陷（内部面积型缺陷的检测是超声检测的强项）。

■ 三、超声检测原理及过程

超声检测主要是基于超声波在工件中的传播特性，如声波在通过材料时能量会损失，在遇到声阻抗不同的两种介质分界面时会发生反射等。其工作过程如下：

（1）声源产生超声波，采用一定的方式使超声波进入工件；

（2）超声波在工件中传播并与工件材料以及其中的缺陷相互作用，使其传播方向或特征被改变；

（3）改变后的超声波通过检测设备被接收，并可对其进行处理和分析；

（4）根据接收的超声波的特征，评估工件内部是否存在缺陷及缺陷的特性。

通常用来发现缺陷和对其进行评估的基本信息如下：

（1）是否存在来自缺陷的超声波信号及其幅度；

（2）入射声波与接收声波之间的传播时间；

（3）超声波通过材料以后能量的衰减。

二维码 2-1-1 对超声检测的物理基础、检测原理及实际应用进行了介绍。

二维码 2-1-1　超声检测的基本原理

■ 四、超声检测方法的分类

超声检测方法分类的方式有多种，较常用的有以下几种。

1. 按原理分类

（1）脉冲反射法。脉冲反射法是指超声波探头发射脉冲波到工件内，根据反射波的情况来检测工件缺陷的方法。

（2）衍射时差法（TOFD）。衍射时差法是指采用一发一收双探头方式，利用缺陷部位的衍射波信号来检测和测定缺陷尺寸的一种超声检测方法。

（3）穿透法。穿透法是指采用一发一收双探头分别放置在工件相对的两端面，依据脉冲波或连续波穿透工件之后的能量变化来检测工件缺陷的方法。

（4）共振法。依据工件的共振特性来判断缺陷情况和工件厚度变化情况的方法称为共振法，此法常用于工件测厚。

2. 按波形分类（二维码 2-1-2）

根据检测采用的波形，可分为纵波法、横波法、表面波法、板波法等。

（1）纵波法（二维码 2-1-3）。使用纵波进行检测的方法，称为纵波法。在同一介质中传播时，纵波速度大于其他波形的速度，穿透能力强，对晶界反射或散射的敏感性不高，所以可检测的工件的厚度是所有波形中最大的，而且可用于粗晶材料的检测。

（2）横波法（二维码 2-1-4）。将纵波倾斜入射至工件检测面，利用波形转换得到横波进行检测的方法，称为横波法。

由于入射声束与检测面成一定夹角，所以横波法又称斜射法，斜射声束的产生通常有两种方式，一种是接触时采用斜探头，由晶片发出的纵波通过一定倾角的斜楔到达接触面，在界面处发生波转换，在工件中产生折射后的斜射横波声束；另一种是利用水浸直探头，在水中改变声束入射到检测面时的入射角，从而在工件中产生具有所需波形和角度的折射波。

（3）表面波法。使用表面波进行检测的方法，称为表面波法。对于表面及近表面缺陷的检测，表面波是有效的检测方法。表面波只在物体表面下几个波长的范围内传播，当其沿表面传播的过程中遇到表面裂纹时，一部分声波在裂纹开口处以表面波的形式被反射，并沿物体表面返回；另一部分声波仍以表面波的形式沿裂纹表面继续向前传播，传播到裂纹顶端时，部分声波被反射而返回，部分声波继续以表面波的形式沿裂纹表面向前传播。一部分声波在表面转折处或裂纹顶端转变为变形纵波和变形横波，在物体内部传播。在表面波检测中，主要利用表面波的上述特性来检测表面和近表面裂纹。

（4）板波法。使用板波进行检测的方法，称为板波法。主要用于薄板、薄壁管等形状简单的工件的检测。板波充塞于整个工件，可以发现内部的和表面的缺陷。但是检测灵敏度除取决于仪器工作条件外，还取决于波的形式。

3．按显示方式分类（二维码 2-1-5）

根据接收信号的显示方式可分为 A 型显示和超声成像显示（可细分为 B、C、D、S、P 型显示等）。

二维码 2-1-2　按波形分类

二维码 2-1-3　纵波直探头超声检测

二维码 2-1-4　横波斜探头超声检测

二维码 2-1-5　按显示方式分类

4．按探头与工件的接触方式分类

（1）接触法。探头与工件检测面之间，涂有很薄的耦合剂层，因此可以看作为两者直接接触，故称为直接接触法（了解探头与耦合剂相关知识请扫描二维码 2-1-6 和二维码 2-1-7）。

二维码 2-1-6　超声波探头

二维码 2-1-7　试块及耦合剂

（2）液浸法：将探头和工件浸于液体中，以液体作耦合剂进行检测的方法称为液浸法。耦合剂可以是水，也可以是油，当水为耦合剂时，称为水浸法。

（3）电磁耦合法。采用电磁探头激发和接收超声波的检测方法称为电磁耦合法，也

15

称为电磁超声检测方法。使用这种方法时，探头与工件之间不接触。

每一种具体的超声检测方法都是上述不同分类方式的一种组合，如最常用的单探头横波脉冲反射接触法（A 型显示）。每一种检测方法都有其特点和局限性，针对每个检测对象所采用的不同的检测方法，是根据检测目的及被检工件的形状、尺寸、材质等特征进行选择的。

■ 五、超声检测的优点和局限性

1. 优点

与其他无损检测方法相比，超声检测方法的优点如下：

（1）适用于金属、非金属和复合材料等多种制件的无损检测。

（2）穿透能力强，可对较大厚度范围内的工件内部缺陷进行检测。如对金属材料，可检测厚度为 1～2 mm 的薄壁管材和板材，也可检测几米长的钢锻件。

（3）缺陷定位较准确。

（4）对面积型缺陷的检出率较高。

（5）灵敏度高，可检测工件内部尺寸很小的缺陷。

（6）检测成本低、速度快，设备轻便，对人体及环境无害，现场使用较方便等。

2. 局限性

（1）对工件中的缺陷进行精确的定性、定量仍需做深入研究；

（2）对具有复杂形状或不规则外形的工件进行超声检测有困难；

（3）缺陷的位置、取向和形状对检测结果有一定影响；

（4）工件材质、晶粒度等对检测有较大影响；

（5）常用的手工 A 型脉冲反射法检测时结果显示不直观，检测结果无直接见证记录。

■ 六、超声检测的发展过程

超声学是声学的一个分支，涉及的频率超过可听限度。尽管声学的发展可追溯到古代，但超声学的研究则是始于十九世纪。首次将超声波作为一种无损检测方法来使用是在 20 世纪 20 年代后期。20 世纪 30 年代以来，超声波已经发展成为一种广泛应用的无损检测手段。

1. 实用超声学的起源

启动向近代超声学发展之链的创新事件是 1912 年 Titanic 号游轮与冰山碰撞后的下沉（图 2-1-1）。英国的 Richardson 利用超声波进行回波测距（扫描二维码 2-1-8 回顾泰坦尼克号撞击冰山的紧张瞬间）。

二维码 2-1-8　无损检测员对泰坦尼克号事故的思考

随着第一次世界大战的爆发，注意力转向了探测另一类水下障碍物——潜艇。

18 世纪末到 19 世纪初，潜艇逐步被世界各国重视，得到了较大的发展（图 2-1-2）。在 1912 年的巴尔干战争中，希腊潜艇"海豚"号曾向土耳其的巡洋舰发射了 1 枚鱼雷。

第一次世界大战一开始，潜艇就被投入到海战中，给敌对方的水面舰艇造成极大的恐慌。一战期间，仅被德国潜艇击沉的运输船就有 6 000 余艘、1 300 万吨。

图 2-1-1　Titanic 号游轮　　　　　图 2-1-2　潜艇

1915 年，苏联工程师 Chilowsky 提出用回波测距的方法探测潜艇，并在海军基地进行了试验，可接收到 150 m 处的靶板回波。

尽管超声波检测具有惊人的潜力，但其发展对在第一次世界大战中用来反潜仍是太晚了。但它却促进了战后的发展。

2．近代超声检测的发展

超声检测在一战后得到发展，许多新的技术在战后的生产环境中被利用或改进。1929 年，苏联 Sokolov 首先提出了用超声波探查金属物体内部缺陷的建议。

其原理是材料中的不连续性将屏蔽掉某些抵达接收换能器的能量（超声波连续、穿透法）。

20 世纪 40 年代，美国的 Firestone 首次介绍了脉冲回波式超声检测仪并申请了该仪器的专利。利用该技术，超声波可从物体的一面发射并接收，且能够检测小缺陷，较准确地确定其位置及深度，评定其尺寸（超声波脉冲反射法，仍然是现在超声检测的主要方法）。

脉冲回波水浸技术是 1948 年由 Donald Erdman 提出的，他还首先采用了 B 扫描超声检验。

1947 年美国通用汽车公司制成了第一台共振测厚仪。

20 世纪 60 年代，超声检测仪在灵敏度、分辨力和放大器线性等主要性能上取得了突破性进展，焊缝探伤问题得到了很好的解决。

在此基础上，超声检测发展为一个有效而可靠的无损检测手段，并得到了广泛的工业应用。

3．现代超声检测的发展

随着工业生产对检测效率和检测可靠性要求的不断提高，原有的以 A 型显示手工操作为主的检测方式不再能够满足要求。

20 世纪 80 年代以来，逐渐发展了自动检测系统，配备了自动报警、记录等装置，发展了 B 型显示和 C 型显示；与此同时，对缺陷的定性定量评价的研究得到了较大的发展，利用超声波技术进行材料特性评价也成了重要的研究方向。

■ 七、思考

泰坦尼克号事件对超声检测的发展有着重要的影响，通过观看《泰坦尼克号》影片中撞击冰山的片段，从无损检测人员角度思考事件发生的原因及超声检测的重要性。

任务二　超声检测主要仪器性能的测试

超声检测仪的主要性能包含脉冲发射部分、接收部分、时基部分以及数字超声检测仪的额外性能等。其中，脉冲发射部分性能主要有发射电压、发射脉冲上升时间、发射脉冲宽度和发射脉冲频谱等；接收部分性能主要有垂直线性、频率响应、噪声电平、动态范围、增益器（衰减器）精度等；时基部分的性能主要有水平线性、脉冲重复频率等。此外，对于数字超声检测仪，还包含数字采样率和采样位数、数字采样误差、A 型显示的像素数量及响应时间等。

超声检测仪的这些主要性能会影响检测数据的准确性，因此，在工作中定期对超声检测仪的一些主要性能进行校验是十分重要的，以确保检测结果的可靠性。本次任务主要对超声检测仪的关键性能进行测试。

■ 一、测试目的

掌握现场测试超声检测仪器性能的基本方法，包括垂直线性、水平线性、电噪声、动态范围和增益器精度等。

■ 二、测试设备

（1）超声波探伤仪（模拟机 CTS-22，数字机 PXUT-330）。
（2）直探头（2.5P14、2.5P20、5P14 等均可）。
（3）试块（CSK-ⅠA，平底孔试块 DB-P Z20-2）。

■ 三、测试原理及方法

1. 垂直线性的测定

仪器的垂直线性是指仪器显示屏上的波高与探头接收信号幅度之间成正比的程度。

缺陷在工件中的大小是通过缺陷回波在显示屏上的幅度大小反映的，反射回波幅度按一定规律反映缺陷实际反射声压的大小，即仪器的垂直线性状况，通常以垂直线性误差表示。垂直线性的好坏影响缺陷的定量精度，如图 2-2-1 所示。

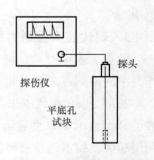

图 2-2-1　测量垂直线性示意

（1）模拟机测量方法（以 CTS-22 为例，二维码 2-2-1）。将设备连接好，直探头平稳地耦合在 DB-P Z20-2（$\phi 2 \sim 200$ mm 平底孔）试块的探测面，如图 2-2-1 所示，移动探头，找到 $\phi 2$ 平底孔最大回波处，固定探头位置，稳定接触压力。移动波门框住回波（CTS-22 无波门，只能操作人员目视锁定），调节增益（对模拟机而言即为"衰减"），使回波高度达 AM：100%（即满屏高度），把此时的波高读数 100%（该增益读数即当作 0 dB 时，理论波高值 100% 时的实测波高值）填到表 2-2-1 中；把增益调到 2 dB 挡位（即衰减为 2 进步的旋钮），依次记下每降低 2 dB（即衰减增加 2 dB）时平底孔回波幅度的满刻度百分数并记入表 2-2-1，并与理论值比较，取最大正偏差 $|\Delta_+|$ 和最大负偏差绝对值 $|\Delta_-|$ 之和为垂直线性误差，即

$$\Delta = (|\Delta_+| + |\Delta_-|) \qquad (2\text{-}2\text{-}1)$$

注：理论波高值按下式计算：

$$\Delta \text{dB} = 20 \lg (H_{100}/H) \qquad (2\text{-}2\text{-}2)$$

式中，H_{100} 为以 100% 满刻度起始的基准波高，H 为每降低 2 dB 时理论上应达到的波高。最后在图 2-2-2 上以波高为纵坐标，降低量为横坐标绘出垂直线性理想线与实测线（按表 2-2-1），再根据式（2-2-1）计算垂直线性误差。

表 2-2-1　测量垂直线性误差

增益降低量 /dB	理论波高值 /%	实测波高值 /%	偏差 ±/%
0	100	100	0
2	79.4		
4	63.1		
6	50.1		
8	39.8		
10	31.6		
12	25.1		
14	20.0		
16	15.8		
18	12.5		
20	10.0		
22	7.9		
24	6.3		
26	5.0		
28	4.0		
30	3.2		

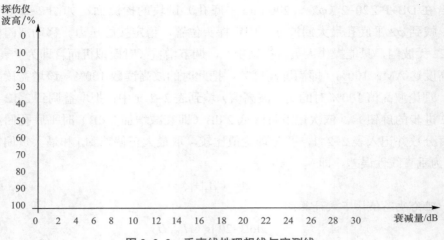

图 2-2-2　垂直线性理想线与实测线

（2）数字机测量方法（以 PXUT-330 为例，二维码 2-2-2）。

测试前务必在设置菜单中将"探头类型"设为直探头，探头频率为低频（即 2.5 MHz）。

按"设置"键，选择"4 仪器调校"，在调校菜单中选中"5 测仪器性能"。波形区左上方提示"在 DB-P Z20-2 试块上移动探头，当 200 mm 处 φ2 平底孔回波最高时按确定键并稳住探头"。

如图 2-2-3 所示，用户在 DB-P Z20-2 试块上移动直探头，找到 200 mm 深 φ2 平底孔的最高回波且为波幅 50% 时按"确定"键，仪器自动调节增益使波高上升为 100%，然后以 2 dB 的步长使增益下降，这时仪器自动记下每次的波高，算出垂直线性和动态范围。

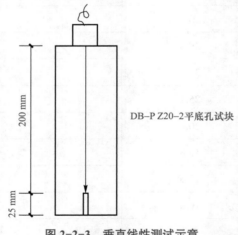

图 2-2-3　垂直线性测试示意

二维码 2-2-1　超声模拟机垂直线性测量　　　二维码 2-2-2　数字机（PXUT-330）垂直线性测定

2．水平线性的测定

仪器水平线性是指仪器显示屏上时基线显示的水平刻度值与实际声程之间成正比的程度，或者说是显示屏上多次底波等距离的程度。水平线性主要取决于扫描锯齿波的线性。缺陷在工件中的位置是通过缺陷回波在显示屏上的位置反映出来的，通过仪器有关功能键的调节能使仪器显示屏上的水平扫描线按一定比例反映超声波在工件中所经过的距离，即仪器的水平线性，以水平线性误差表示。

（1）模拟机测量方法（以CTS-22为例）。将设备连接好，把直探头平稳地耦合在CSK-IA试块25 mm厚的平面上（应离开边缘一定距离以防止侧壁效应干扰），如图2-2-4所示。当采用"五次底波法"时，应使显示屏上出现五次无干扰底波，在相同回波幅度（例如50%或80%满刻度）情况下，使用波门框住回波读取声程PS值（对于无波门功能的模拟机，只能目视读取仪器显示屏水平刻度线），使第一次底波B_1对准水平刻度20 mm，第五次底波B_5前沿对准水平刻度100 mm，然后依次将B_2、B_3、B_4调节到上述相同幅度下读取第二、三、四次底波声程PS值，填入表2-2-2，取最大偏差Δ_{max}（以mm计）按式$\Delta=(|\Delta_{max}|/0.8L)\times100\%$计算水平线性误差，式中$L$为水平刻度线全长，通常为100 mm，故$0.8L=80$ mm。

表2-2-2　测量水平线性误差（五次底波法）

底波次数	B_1	B_2	B_3	B_4	B_5
水平刻度标定值/mm	20	40	60	80	100
实际读数/mm	20				100
偏差/mm	0				0

采用五次底波法仅能测定$0.8L$范围内的水平线性，而对前面$0.2L$的范围则不能测定，因此可采用六次底波法，即以相同幅度（50%或80%满刻度）使B_1对准水平刻度0 mm处，B_6对准水平刻度100 mm处，也在相同幅度下用波门框住回波读取B_2、B_3、B_4、B_5各底波声程PS值（图2-2-5），填入表2-2-3，取最大偏差Δ_{max}（以mm计），按式$\Delta=(|\Delta_{max}|/L)\times100\%$计算水平线性误差，式中$L$为水平刻度线全长，通常为100 mm。

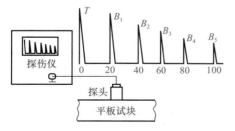

图2-2-4　五次底波法水平线性测试

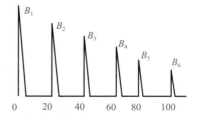

图2-2-5　六次底波法水平线性测试

表2-2-3　测量水平线性误差（六次底波法）

底波次数	B_1	B_2	B_3	B_4	B_5	B_6
水平刻度标定值/mm	0	20	40	60	80	100
实际读数/mm	0					100
偏差/mm	0					0

（2）数字机测量方法（以 PXUT-330 为例，二维码 2-2-3、二维码 2-2-4）。如图 2-2-6 所示，将直探头放置在 CSK-ⅠA 试块上，测声速零点（默认声波类型为纵波，试块声程为 50 mm）；声速零点测准后，声程范围改为 125 mm，使 25 mm 厚试块的二至六次回波依次出现在第二、四、六、八和十格，保持探头不动，仪器会自动调整增益、A 门位，使门内回波高为 50%，最后计算出水平线性值。

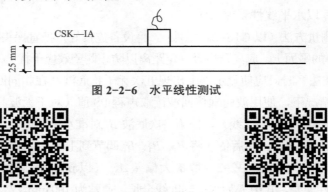

图 2-2-6　水平线性测试

二维码 2-2-3　模拟机水平线性测试方法

二维码 2-2-4　数字机（PXUT-330）水平线测试

3．测定电噪声（二维码 2-2-5）

仪器内部电子元件及电路上的固有噪声（电子噪声）的大小对超声检测时的信噪比有影响，并且其大小与仪器的工作频率和脉冲重复频率有关。

测定方法：将探伤仪的灵敏度（增益）调至最大，且扫描范围最大（即声程最大），在避免外界干扰的条件下（卸掉探头，仪器周围无高频或强磁场干扰等），读取"AM：×.×%"（电噪声的最高回波）作为仪器的电噪声水平。

4．测定动态范围（二维码 2-2-6）

动态范围即是探伤仪放大器的线性工作范围，实际应用中是指在水平基线上能够识别最小反射波的界限，为了能够尽可能地利用显示屏上的波高值判断缺陷大小，就要求放大器的线性工作范围尽量大，以及动态范围应该尽量大。

测定方法：测试步骤与垂直线性测量的方法基本相同，即找到 $\phi 2 \sim 200$ mm 平底孔最大回波高度后调节增益使其为 100% 满刻度，调节增益，读取平底孔回波从 100% 满刻度下降到刚刚能够辨认的最小波高（一般取 1%）时增益的调节量（ΔdB 值），将此作为探伤仪在该探头给定工作频率下的动态范围（不同参考反射体回波及不同工作频率下的动态范围是有差异的），在测试时可与垂直线性测定同时进行。

二维码 2-2-5　电噪声测定

二维码 2-2-6　动态范围测定

（1）分析测试方法原理及测试误差原因。

（2）比较实训室不同品牌超声波检测仪的性能。

任务三 超声检测仪器与探头综合性能——直探头性能参数测定

超声检测仪与直探头的综合性能是指探伤灵敏度余量、分辨力、始波占宽和声束扩散角等。这些性能会影响检测数据的准确程度，因此，应定期对超声检测仪与直探头的综合性能进行检测和校验，以确保检测效果准确。

■ 一、测试目的

掌握现场测试仪器与直探头综合性能参数的方法，包括探伤灵敏度余量、分辨力、始波占宽、声轴线偏移、声束扩散角。

■ 二、测试设备

（1）超声波探伤仪（模拟机、数字机均可）。

（2）直探头（2.5P14、2.5P20、5P14 等均可）。

（3）$\phi2 \sim 200$ mm 钢制平底孔试块（DB-P Z20-2）。

（4）CSK-ⅠA 试块。

（5）钢制横孔试块（距离大于或等于探头近场长度两倍的试块）。

■ 三、测试原理及方法

1. 测定探伤灵敏度余量（二维码 2-3-1）

探伤仪的最大探测灵敏度，或者说可探测到的最小缺陷，以在一定距离和一定尺寸的人工反射体上的灵敏度余量表示，称作探伤灵敏度余量，以 dB 表示。

操作方法：

使用 $\phi2 \sim 200$ mm 钢制平底孔试块，将直探头放置于试块端面，如任务二中的图 2-2-3 所示，测试好零点声速后，找到 $\phi2 \sim 200$ mm 平底孔最高回波，固定探头，调整仪器的"增益"，使 $\phi2 \sim 200$ mm 平底孔最高回波达到"AM：50%"满刻度（此处的50% 并不是绝对值，而是发现工艺所要求最小缺陷的基准波高），此时增益（或者衰减）读数为 S_1，则探伤灵敏度余量为

$$增益型仪器 \quad S = 100 - S_1 \qquad (2-3-1)$$

$$衰减型仪器 \quad S = S_1 \qquad (2-3-2)$$

注：100 为增益器最大读数，根据实际仪器最大增益来。

2．测定分辨力（二维码 2-3-2）

超声波在传递声程上对两个相邻缺陷的反射，能在显示屏上分辨出来的能力，以分辨力指标衡量，即一定间隔的相邻反射体其回波分隔程度，以 ΔdB 表示。

把被测直探头耦合在 CSK-IA 试块上（切槽位置上方），如图 2-3-1 所示，左右适当移动探头，找到声程 85 mm 和 91 mm（相隔 6 mm）的两个反射面回波，并使它们的回波等高，且同时达到最高（通过微调探头位置使回波等高），固定探头，调节"增益"使其达到 30% 或 40% 满刻度（图 2-3-1 中的 H），以此为基准波高，调节增益至这两个回波之间的波谷上升到波峰原来的基准高度 H，所需 dB 值即为该直探头在此条件下测得的 X 分辨力（一般简称为"分辨力"）。它表征对深度方向上相距 6 mm 两个反射体的分辨能力。也可以用同样方法以 dB 表示对深度方向上相距 9 mm（91 mm 和 100 mm 两个反射面）时的分辨力（Y 分辨力），但一般只采用 X 分辨力。

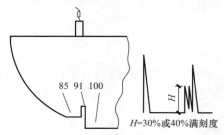

图 2-3-1　分辨力测定仪器放置及波高示意

二维码 2-3-1　直探头探伤灵敏度余量测定

二维码 2-3-2　直探头分辨力测定

3．测定始波占宽（二维码 2-3-3）

始波占宽是指显示屏上始脉冲在水平刻度线上所占宽度，其大小与仪器的发射强度（发射脉冲持续时间）有关，对超声检测时的近表面分辨力（探测距离探测面最近缺陷的能力）有影响（可以理解为盲区的直接表现）。

将直探头耦合在 CSK-IA 试块厚度为 100 mm 的平面上，如图 2-3-2 所示，对仪器进行零点声速测定（即纵波 1∶1 定标）。然后将探头移到 $\phi2 \sim 200$ mm 平底孔试块上，找到最大平底孔回波，调节增益使该平底孔最大回波高度达到 50% 满刻度（采用自动增益功能的设备时，可以先设置好自动增益的阈值 50%），固定好探头，然后将增益提高 40 dB，调整波门高度为 20%，并调节波门位，使波门前沿刚刚靠住始波后沿，再读取从水平刻度零点至始波后沿与垂直刻度 20% 线（波门线）交点的水平距离 W_1，即波门门位读数，即为该直探头在此条件下的负载始波占宽（图 2-3-3）。

测出负载始波占宽后，拿起探头置于空气中，抹净探头表面的耦合剂，读取从水平刻度零点至始波后沿与垂直刻度 20% 线交点所对应的水平距离 W_2，即波门门位读数，即为该直探头在此条件下的空载始波占宽。注意：空载与负载始波占宽在数值上是不同的。

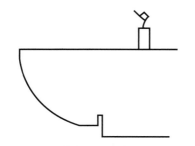

图 2-3-2 始波占宽测定仪器放置示意

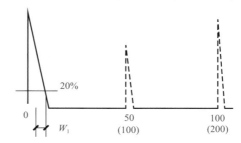

图 2-3-3 测始波占宽波形示意

4. 测定声轴线偏移（二维码 2-3-4）

直探头的名义声轴线是指通过晶片辐射面中心并与该辐射面垂直的轴线，实际上由于装配工艺误差，探头保护膜的厚度不均匀或使用中发生的磨损、磨偏等都会造成声轴线偏移。

将直探头耦合在 CSK-ⅠA 试块上，如图 2-3-4 所示，事先应在探头外壳上做好方向标记（X，Y 方向），将探头的几何中心轴对准 $\phi1.5$ mm 通孔的中心轴，使探头的 Y 方向与孔轴线平行，沿 X 方向左右移动探头找到孔的最大回波，此时将探头几何中心偏离试块上 $\phi1.5$ mm 孔中心（距离边缘 15 mm）的偏移量记作 ΔX，再使探头转动 90°（即用 X 方向代替原来的 Y 方向，此时 X 方向与孔轴线平行），按相同方法测出 ΔY，则声轴线偏移 θ 为

$$\theta_X=\arctan（\Delta X/35） \tag{2-3-3}$$

$$\theta_Y=\arctan（\Delta Y/35） \tag{2-3-4}$$

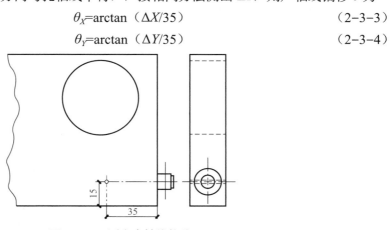

图 2-3-4 测定声轴线偏移

二维码 2-3-3 直探头始波占宽测定

二维码 2-3-4 直探头声轴线偏移测定

5. 测定声束扩散角（二维码 2-3-5）

超声波从声源开始形成一波束，并以某一角度扩散出去，在声源（探头）中心轴线上

声压（或声强）最大，偏离中心轴线的位置上声压减小，当边缘声压为零时（第一次为零）偏离中心轴线的角度称为零扩散角，在此范围内形成主声束，扩散角的大小取决于超声波的波长（和传声介质相关）与探头晶片直径大小，其关系为

$$\theta = \arcsin 1.22 \ (\lambda/D) \tag{2-3-5}$$

或

$$\theta = 70 \ (\lambda/D) \tag{2-3-6}$$

式中，D 为圆形晶片直径；λ 为波长。

扩散角的大小在实际超声检测中影响很大，一般情况下都希望扩散角要小，以获得指向性好、声能集中的狭窄声束，可提高对缺陷的分辨能力和便于准确判定缺陷在探测面上的投影位置。

在实际评定扩散角时，一般多采用 6 dB 法。

选用 $\phi 1$ mm 或 $\phi 2$ mm 长横孔作为反射体，横孔到探测面的距离应大于等于两倍探头近场长度，试块材料应与将要检测的材料相同或相近。将探头耦合在试块上，如图 2-3-5 所示，事先在探头外壳上做好参考方向标记（X，Y 方向），先使探头 Y 方向与孔轴线平行，沿 X 方向左右移动探头找到横孔的最大回波，调整仪器"增益"，使该横孔的最大回波高度为 50% 满刻度，然后提高增益 6 dB，沿 X 方向移动探头至回波高度重新下降到 50% 满刻度，此时探头中心到孔中心水平距离为 $\Delta X_{6\,dB}$，设孔中心到探测面距离为 L，则 X 向扩散角为

$$(\Delta X_{6\,dB}/L) = \tan\theta_{6\,dB} \tag{2-3-7}$$

将探头转动 90°后（即 X 方向与孔轴线平行），再用同样方法测出 Y 方向的扩散角。则 Y 向扩散角为

$$(\Delta Y_{6\,dB}/L) = \tan\theta_{6\,dB} \tag{2-3-8}$$

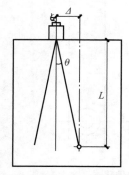

<table>
<tr><td>图 2-3-5   测定声速扩散角原理图</td><td>二维码 2-3-5   直探头声束扩散角测定</td></tr>
</table>

■ 四、思考

（1）观察测试空载与负载时，始波占宽的数值大小。

（2）思考分析空载与负载始波占宽数值不同的原因。

超声检测仪器与斜探头的综合性能包括斜探头的自身性能（斜探头前沿、K 值）和综合性能（探伤相对灵敏度余量、分辨力、始波占宽、声束扩散角和距离波幅曲线等）。这些性能将会影响检测数据的准确程度，因此，应定期对超声波探伤仪与斜探头的综合性能进行测试和校验，以确保检测效果。

■ 一、测试目的

掌握现场测试斜探头及综合性能参数的基本方法，包括：探头前沿、K 值、相对灵敏度余量、分辨力、始波占宽、声轴线偏斜、声束纵截面前后扩散角、声束横截面左右扩散角、距离－振幅特性。

■ 二、测试设备

（1）超声波探伤仪（PXUT-330 为例）。
（2）斜探头。
（3）CSK-ⅠA 试块。
（4）CSK-ⅡA 试块（或者 CSK-ⅢA 试块）。

■ 三、测试原理及方法

1．测定探头前沿（二维码 2-4-1）

一束超声波从晶片定向发射，通过斜楔到达试件表面，在试件表面上进入试件的同时发生声束折射，并有波形转换。入射点在斜楔上的准确位置必须预先测定才能进行下一步的 K 值测定，从而达到探伤时的缺陷定位的目的；但由于斜楔在使用中会不断磨损，因而入射点的位置也将变动，需要经常校对。为使用方便起见，以入射点距离探头（斜楔）前端面距离——"探头前沿"表示。

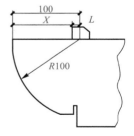

图 2-4-1　测定探头前沿仪器放置示意

将斜探头对准 CSK-ⅠA 试块的 R100 曲面，如图 2-4-1 所示，找到最高回波时的固定探头（一般 CSK-ⅠA 有一条 100 mm 的刻线，探头在其附近前后左右平行移动，寻找 R100 曲面最高波），用钢板尺量出试块边缘到探头前端面距离 X，读数精确到 0.5 mm，则该探头前沿长度 L=100-X。

2．测定斜探头 K 值（二维码 2-4-2）

斜探头上标识的 K 值表示在钢中横波折射角 β 的正切值，即 K=tanβ，在实际应用中利用 K 值确定缺陷位置较为方便，但由于斜楔在使用中会发生磨损而使折射角发生变化，故也需经常校验，此外，若斜探头用于其他材料（例如铝合金、钛合金等）时，也应在相应材料的试块上测定其折射角正切值。在测定 K 值时，探头入射点到反射体的距离应大于等于斜探头在钢（或相应被测材料）中近场距离的两倍以保证测量的准确性。

（1）探头上标称的 K 值 ≤ 1.5。探头放置图 2-4-2（a）处进行测定，观察 $\phi50$ mm 孔的回波，按图示 K_A 公式计算 K 值。

（2）探头标称 K 值 > 2.5。探头放置图 2-4-2（b）处，观察 $\phi1.5$ mm 孔的回波，按 K_B 式计算。

（3）1.5 < 探头标称 K 值 ≤ 2.5。探头放置图 2-4-2（c）处，观察 $\phi50$ mm 孔的回波，按 K_C 式计算。

在测定时应前后移动探头直到找到孔的最大回波，然后固定探头，再分别测定试块边缘到探头前端面的距离 X_A、X_B、X_C，再各自按 K_A、K_B、K_C 计算各 K 值，式中 L 为探头前沿（此为 K 值计算的数学原理，即三角函数，已知水平和垂直边长，求角度）。

对于数字超声波探伤机，只要按照提示直接输入反射体直径以及埋深，在测试完成后，仪器将直接计算出 K 值。

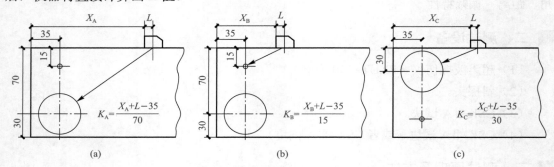

图 2-4-2　测定斜探头 K 值示意
（a）K ≤ 1.5 时探头位置；（b）K > 2.5 时探头位置；（c）1.5 < K ≤ 2.5 时探头位置

二维码 2-4-1　探头前沿测定　　　　二维码 2-4-2　探头 K 值测定

3．测定相对灵敏度余量（二维码 2-4-3）

连接斜探头置于 CSK-IA 试块上，使声束方向与试块侧面保持平行并对准 $R100$ 曲面（图 2-4-1），前后移动探头至 $R100$ 曲面回波最高处，调整增益使回波幅度为 50% 满刻度，此时增益器读数为 S_0。则该斜探头的相对灵敏度：$S=100-S_0$。

4．测定分辨力（二维码 2-4-4）

在 CSK-IA 试块上，将斜探头如图 2-4-3 所示放置。然后适当前后、左右移动探头，使 $\phi50$ mm 和 $\phi44$ mm 两个有机玻璃圆柱面反射回波高度相等（操作要点：前后移动自找的最高回波后，再左右移动，使其

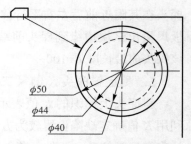

图 2-4-3　斜探头测分辨力示意

波高相等），通过调整"增益"使这两个等高的反射回波高度达到 40% 满刻度，记下此时的增益读数 S_1。然后，调节增益，使两回波之间的波谷上升到 40% 满刻度，记下此时的增益读数 S_2。即测出斜探头对声程差 3 mm 的两个反射体的分辨力，同理也可以测定对 $\phi44$ mm 和 $\phi40$ mm 两个声程差 2 mm 的反射体的分辨力。

二维码 2-4-3　斜探头相对灵敏度余量测定　　　二维码 2-4-4　斜探头分辨力测定

5. 测定始波占宽（二维码 2-4-5）

将斜探头置于 CSK-IA 试块上（图 2-4-4），使其声束同时对向 $R50$ mm 和 $R100$ mm 曲面，对仪器进行零点声速测定（即横波 1:1 定标）。调节"增益"使 $R100$ mm 的最大回波高度为 50% 满刻度，然后将增益提高 40 dB，调整波门高度为 20%，并调节波门位，使波门前沿刚刚靠住始波后沿，再读取从水平刻度零点至始波后沿与垂直刻度 20% 线交点的水平距离 W_1，即波门门位读数，即为该斜探头在此条件下的负载始波占宽（图 2-4-5）。

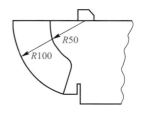

图 2-4-4　探头放置示意

然后把探头提起置于空气中，抹净探头上的耦合剂，再读取从水平刻度零点至始波后沿与垂直刻度 20% 线交点的水平距离 W_0，即为该斜探头的空载始波占宽。

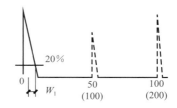

图 2-4-5　测始波占宽波形示意

6. 测定声束纵截面前后扩散角（二维码 2-4-6）

声束从晶片发射时，倾斜晶片两端声线入射角不同，造成折射声束纵截面的前后扩散角不同，使折射声束有上抬倾向。

将斜探头如图 2-4-6 所示放置，对准 CSK-IA 试块上的 $\phi50$ mm 孔，首先前后移动探头找到最大回波，可按前面方法得到斜探头声轴线折射角 β_0。用钢尺量出探头前沿到试块边缘的水平距离 X_0，则声轴线折射角为（数字机将直接显示该角度值）

$$\beta_0 = \arctan\left[(X_0 + L - 35)/30\right] \qquad (2\text{-}4\text{-}1)$$

然后在此点向前移动探头至回波幅度下降 6 dB 时，按 K 值测定方法测出此时 6 dB 扩散声束后缘折射角 β_1，则该探头声束纵截面的后扩散角为 $\beta_0 - \beta_1$，把探头后移，用同样方法测出其前扩散角为 $\beta_2 - \beta_0$。

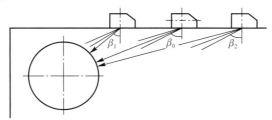

图 2-4-6　测定声束纵截面前后扩散角示意

29

二维码 2-4-5　斜探头始波占宽测定　　　　二维码 2-4-6　斜探头声束前后扩散角测定

7. 测定声束横截面左右扩散角（二维码 2-4-7）

测定声束横截面左右扩散角以校验声束对称性。

将斜探头置于 CSK-IA 试块厚度 25 mm 的平面上，对准 ϕ1.5 mm 横通孔（此时呈竖孔），如图 2-4-7 所示。

首先在平面上移动探头找到竖孔的最大回波，孔中心到探头入射点（由探头前沿确定）的距离 $X_0=25K_{实}$（直射法）或 $2\times25K_{实}$（一次反射法），然后左右平移探头至其最大回波幅度下降 6 dB 时得到移动距离 W_+ 和 W_-，则该探头的声束横截面左右扩散角分别为

$$\theta_+ = \arctan（W_+/X_0） \tag{2-4-2}$$

$$\theta_- = \arctan（W_-/X_0） \tag{2-4-3}$$

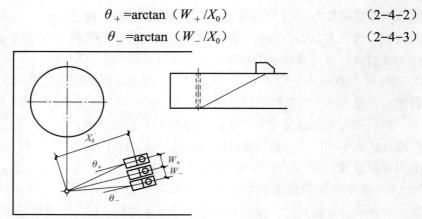

图 2-4-7　测定声束纵截面左右扩散角示意图

8. 测定斜探头发出的波束有无双峰存在

斜探头声场中有时会出现较大的副瓣，这与晶片电极的焊点以及阻尼块等制作工艺有关，以至在形状上呈现两个声能相对较集中的声束，称为"双峰"现象，双峰现象的存在将影响缺陷的定位与定量评定，因此，对于存在双峰的探头一般均应予报废。

将斜探头如图 2-4-6 所示放置（找到 ϕ50 mm 孔最高回波），首先找到最大反射回波，然后仔细地前后移动探头，观察回波是否单调下降，若有双峰存在，则在主声束两侧的回波幅度会出现上升现象，图 2-4-8 所示为几种双峰的形状（即存在双峰时，最高回波下降后又会出现上升现象）。

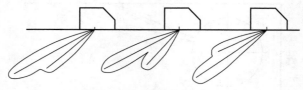

图 2-4-8　几种双峰的形状

9. 测定距离－波幅特性（二维码2-4-8）

在 CSK-ⅡA 试块上，以埋藏深度为 10 mm、20 mm、30 mm、40 mm、50 mm、60 mm（其中 50 mm、60 mm 需要使用一次反射法得到）的一组短横孔为反射体，把斜探头耦合在试块上，对准埋藏深度 10 mm 的 ϕ2 mm×40 mm 反射体，左右移动探头，找到最大回波时固定探头，调节增益使回波达到 80% 高度，将此时的 dB 值记录在表 2-4-1 中。用同样的方法可测量埋深为 20 mm、30 mm、40 mm、50 mm、60 mm 的 ϕ2 mm×40 mm 反射体回波对基准波高的 dB 值，然后以 110 dB（PXUT-330 满幅增益为 110 dB）减去回波高度 ΔdB 值所得结果为纵坐标，反射体埋藏深度为横坐标，即可绘出该探头的距离－波幅特性曲线，如图 2-4-9 所示。

表 2-4-1　测定距离－波幅特性

埋深 /mm	10	20	30	40	50	60
ϕ2×40（实）（增益读数）	52.4	54.3	57.7	61.1	64.7	68.3
ϕ2×40（实）（衰减读数，即总能量 110 dB-增益读数）	57.6	55.7	52.3	48.9	45.3	41.7
判废线 ϕ2×40-4（-3）	50.6	48.7	45.3	41.9	38.3	34.7
定量线 ϕ2×40-12（-3）	42.6	40.7	37.3	33.9	30.3	26.7
评定线 ϕ2×40-18（-3）	36.6	34.7	31.3	27.9	24.3	20.7

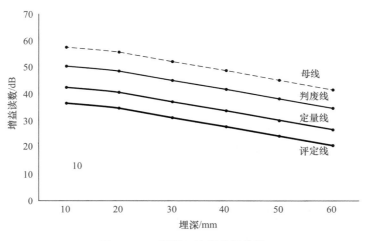

图 2-4-9　距离－波幅特性曲线

二维码 2-4-7　斜探头声束左右扩散角测定　　　　二维码 2-4-8　斜探头距离 – 波幅特性测定

■ **四、思考**

（1）前沿及 K 值测试的数学几何原理是什么？

（2）测试始波占宽有何意义？

任务五　材质衰减系数的测定

不同材料的材质衰减系数是不同的，通过区分试块和工件的材质衰减系数，可以对检测数据进行修正。

■ **一、测试目的**

测定材料的综合衰减系数（视在衰减系数），用于实际检测中对缺陷大小进行正确的定量评定。

■ **二、测试设备**

（1）仪器：PXUT-330 超声检测仪。

（2）探头：2.5P14Z 和 5P14Z 探头各一只。

（3）试块：铸钢件试块两块，一块厚为 25 mm，另一块厚为 200 mm。试块上下表面光洁，互相平行。

（4）耦合剂：机油、甘油或糨糊。

■ **三、测试原理及方法**

超声波在介质中传播时，除了声束不断扩大的扩散损失外，还有材料的组织结构对超声波的散射和内耗吸收，使得超声能量随着传播距离的增加而减弱（单位横截面面积上通过的声能减少），此即超声衰减。超声衰减系数的大小和具体数值，不仅对缺陷定量评定有意义，而且对评定材料显微组织也有很大意义。

1. 薄板工件衰减系数的测定（二维码 2-5-1）

（1）取 2.5P14Z 探头对准厚度为 25 mm 的薄板工件表面，调节仪器使示波屏上出现 $B_1 \sim B_4$ 四次底波，调增益旋钮使 B_4 达 80% 基准高，再用衰减器将 B_1 调至 80%，记录这时所衰减的分贝值 Δ_1，则介质的衰减系数为（不计反射损失）

$$\alpha = \frac{\Delta_1}{2 \times (4-1) \times 10} = \frac{\Delta_1}{60} \text{ dB/mm} \qquad (2\text{-}5\text{-}1)$$

（2）用5P14Z探头重复上述过程，测出相应的分贝差 Δ_2，则衰减系数为（不计反射损失）

$$\alpha = \frac{\Delta_2}{60} \text{ dB/mm} \qquad (2\text{-}5\text{-}2)$$

2．厚板工件衰减系数的测定（二维码2-5-2）

（1）取2.5P14Z探头对准厚度为225 mm的工件的底面，调节仪器使示波屏上出现底波 B_1、B_2。调增益旋钮使 B_2 达80%基准高，再用衰减器将 B_1 调至80%高，记录所衰减的分贝值 Δ_3，则衰减系数为（不计反射损失）

$$\alpha = \frac{\Delta_3 - 6}{400} \text{ dB/mm} \qquad (2\text{-}5\text{-}3)$$

（2）用5P14Z探头重复上述过程，测定相应的分贝差 Δ_4，则衰减系数为（不计反射损失）：

$$\alpha = \frac{\Delta_4 - 6}{400} \text{ dB/mm} \qquad (2\text{-}5\text{-}4)$$

注：

（1）上述操作未考虑反射损失，实际工作中可根据工件表面粗糙度确定"往返损失"dB值：一般对冷轧钢板等黑皮光亮件的往返损失取 0.5 dB/次，对一般锻件或热轧件则取 1～2 dB/次；

（2）上面所示出的 α 为单声程衰减系数，因为这是用"2T"表示超声波在工件中往返的路程，它表示超声波在工件中实际传播 1 mm 时的声能损失 dB 值。在实际检测中，常常采用双声程衰减系数，这时的计算式中分母项为"T"，表示工件实际厚度 1 mm 对声能损失的 dB 值。

二维码 2-5-1　薄板工件衰减系数的测定　　　　二维码 2-5-2　厚板工件衰减系数的测定

■ 四、思考

材质衰减大对超声检测有哪些影响，有哪些应对办法？

任务六　不同表面粗糙度探测面透入声能损失值的测定

被检工件的表面粗糙度会直接影响超声波的声能入射。表面损失补偿值的测定能解决因表面粗糙度的不同造成的入射声能的损失，从而保证检测结果的准确性。

■ 一、测试目的

了解不同表面粗糙度的探测面对透入声能的不同影响，并掌握表面补偿值的测定方法。

■ 二、测试设备

（1）超声波探伤仪。

（2）直探头（2.5 MHz 和 5 MHz 各一只）。

（3）斜探头（同型号的一对）。

（4）CSK-ⅢA 试块。

（5）厚度 30 mm 钢板对接焊缝试块。

（6）锻件工件（T=45 mm）。

（7）平底孔试块（T=45 mm）。

■ 三、测试原理及方法

1. 纵波直探头的测定（平面锻件表面补偿值的测定）

将 2.5 MHz 直探头稳定地耦合在厚度 45 mm 的光圆钢试块上，调整"增益"使第一次底波高度为 50% 满刻度，然后移到厚度 45 mm 的粗糙表面的钢板试块上，调节"增益"dB 数值，使钢板的第一次底波高度也达到 50% 满刻度，所增加的 dB 数值即是该探头对光圆钢试块与粗糙表面钢板试块之间表面声能损失应补偿的 dB 值。

换用 5 MHz 直探头重复上述步骤，可以发现在检测频率不同的情况下表面声能损失有所不同。

2. 横波检测时的测定（平面焊缝表面补偿值的测定）

把探伤仪设置为"双探头"工作状态，将同一型号的一对斜探头稳定地耦合在 CSK-ⅢA 试块厚度 30 mm 的平面上，如图 2-6-1 所示，调整两探头相对位置，使其相距一个跨距并处在同一直线上时的穿透波波幅最高，调整仪器"增益"使穿透波的波幅为 50% 满刻度，然后移到厚度 30 mm 的粗糙表面的钢板对接焊缝试块上，以同样的方式和条件找到最大穿透波，调节"增益"dB 值，使最大穿透波的波幅也达到 50% 满刻度，所需 dB 值即是用横波检测该钢板时对应光圆试块的表面声能损失应补偿的 dB 值。

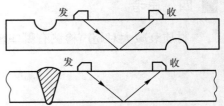

图 2-6-1　测定平面焊缝件表面补偿值的示意

注：在测定表面损失补偿时，所用于对比的试块应与被检工件厚度相同并且声学特性也应基本相同（声速、声衰减等）。

提示：这种方法所测定的表面声能损失其实包含了上下底面共同造成的表面声能损失，要仅仅测定上表面或下表面单独的表面损失，则应使钢板试块的一个表面与光圆试块相同，这在使用一次底波之前检测缺陷的纵波法检测中，底面的表面损失补偿就是多余的了。在较粗糙表面的情况下表面损失补偿值较大，有可能会造成检测灵敏度偏高，影响缺陷定量的准确性，特别是在验收临界缺陷的情况下。

二维码 2-6-1 和二维码 2-6-2 分别为直探头和斜探头透入声能损失测定的操作过程。

二维码 2-6-1　直探头透入声能损失值的测定　　　二维码 2-6-2　斜探头透入声能损失值的测定

■ 四、思考

工件表面状况对超声检测有哪些影响，有哪些应对办法？

任务七　超声检测时的水平扫描线（时基线）调整（定标）

探伤仪显示屏上的水平扫描线可通过调整达到与超声波在工件中的传播时间成正比例关系，从而可以从水平刻度上直接读取超声波探测距离，为了精确校准，一般至少需要有两个回波信号进行标定，以将晶片发出的超声波通过保护膜、耦合层或斜楔的时间移出零刻度，使水平扫描线刻度的零点真正代表从工件表面进入的起始时间，而水平刻度上显示的回波信号将能够根据水平刻度值读出其相应的探测距离。

■ 一、测试目的

掌握纵波直探头、斜探头和组合双晶直探头在超声检测作业中的调整方法（俗称"定标"）；对数字机而言称为零点声速测定或声速、延时测试。

■ 二、测试设备

（1）超声波探伤仪（模拟机、数字机）。
（2）直探头。
（3）斜探头。
（4）组合双晶直探头。

（5）CSK-ⅠA 试块。

（6）平底孔平面试块（平底孔埋藏深度 10 ～ 20 mm，孔深 15 ～ 20 mm）。

■ 三、测试原理及方法

1．模拟机测试方法

虽然现在市面上基本以数字机为主，但考虑到学生在考取执业资格证时，理论学习中经常出现时基线调整概念，在此还是介绍一下模拟机定标的方法，以加深时基线调整理论的理解。

（1）纵波直探头检测时的定标方法。水平线上的刻度表示超声纵波传播距离，常采用 1：1 或 1：2 等整数比例。例如，将直探头平稳地耦合在 CSK-ⅠA 试块厚度 25 mm 的平面上，调整"声程"使底波 B_1 前沿对准水平刻度 25 mm，调整"声速"使底波 B_2 前沿对准水平刻度 50 mm，此时即为 1：1 定标，此时水平刻度线全刻度（100 mm）代表工件厚度 100 mm（双声程 - 往返）。

注：在调节 B_2 时，B_1 的位置也会变动，因此需要反复调整到 B_1、B_2 分别对准 25 mm 和 50 mm。

又如，仍如上述，但使 B_1 前沿对准水平刻度 50 mm，B_2 前沿对准 100 mm，则成 2：1 定标，即水平刻度线全刻度（100 mm）代表在工件中传播距离 50 mm（单声程）。

再如，将直探头平稳地耦合在 CSK-ⅠA 试块厚 100 mm 的侧面上，调节"声程"使 B_1 前沿对准水平刻度 50 mm，调节"声速"使 B_2 前沿对准水平刻度 100 mm（调节时注意认准 B_1 和 B_2，因为受侧壁效应影响会有迟到波出现），这样就成为 1：2 定标，此时水平刻度全长（100 mm）代表工件厚度 200 mm（双声程 - 往返），其余类推。

注：定标时关键要注意所用试块材料应与被检工件的材料相同或相近，实际上也并不一定要有专用试块，可以直接在被检工件上进行，其实这样能更精确定标，因为超声波传播速度不会因材料差异而发生变化。

另外，在定标过程中不用顾及始波前沿是否对正水平刻度零点，因为始波前沿代表的是从晶片开始发射超声波的时间，还要经过保护膜及耦合层的时间才开始进入工件，因此在探伤仪正常、定标正确时，始波前沿应该落在水平刻度零点的左边。

（2）横波斜探头检测时的定标方法。根据水平刻度线读数代表工件中超声波实际传播声路的距离，还是代表反射体距探测面的埋藏深度，或者是代表反射体在探测面上投影至斜探头入射点的水平距离，可以分为声程定标、深度定标和水平定标三种定标形式，后两者其实是利用三角函数关系由声程转换过来的，它们的几何关系如图 2-7-1 所示。

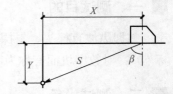

图 2-7-1　声程、深度、水平
定标几何关系

$$K = \tan\beta \tag{2-7-1}$$

$$S = \sqrt{X_2 + Y_2} = \sqrt{1 + K^2} \tag{2-7-2}$$

$$X = S \cdot \sin\beta = KY = S \cdot \frac{K}{\sqrt{1 + K^2}} \tag{2-7-3}$$

$$Y=S\cdot\sin\beta=\frac{X}{K}=S\cdot\frac{1}{\sqrt{1+K^2}} \qquad (2-7-3)$$

1）声程定标。将斜探头放置在 CSK-ⅠA 试块上，调整探头位置，使 R50 和 R100 两个弧面的最大回波同时出现在显示屏上，和上面纵波定标的调整方法相同，即通过调节"声程"和"声速"使 B50 的前沿落在水平刻度 50 mm 上，B100 的前沿落在水平刻度 100 mm 上，即成为 1∶1 的声程定标，此时水平刻度线全长（100 mm）代表横波直射距离 100 mm（双声程－往返），水平刻度线零点代表超声波开始进入工件的时间，如图 2-7-2 所示。

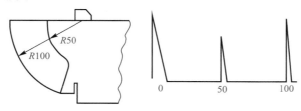

图 2-7-2　声程定标示意

2）深度定标。方法同声程定标，但是首先要根据斜探头的 K 值（K=tanβ，β 为超声波在被检工件中的折射角）或折射角与声程的关系计算 R50 和 R100 分别相应的深度大小，并在水平刻度线上显示其位置，则成为深度 1∶1 定标。

例如：采用 K1.5 的斜探头，此时相应的 R50 回波前沿应落在 27.7 mm，R100 回波前沿落在 65.5 mm 上，采用 K2 的斜探头时，则分别为 22.4 mm 和 44.7 mm，采用 K2.5 的斜探头则分别相应为 18.6 mm 和 37.1 mm……以此类推。

1∶1 深度定标后，水平刻度全长（100 mm）表示在显示屏上显示的是反射体的埋藏深度。

3）水平定标。方法同声程定标和深度定标，只是这时换算的是 R50 和 R100 相对应的反射点在探测面上的投影至斜探头入射点的水平距离，即成为水平 1∶1 定标。

例如：采用 K1.5 的斜探头，此时相应的 R50 回波前沿应落在 41.6 mm，R100 回波前沿落在 83.2 mm 上；采用 K2 的斜探头，则分别为 44.7 mm 和 89.4 mm；采用 K2.5 的斜探头则分别相应为 46.4 mm 和 92.8 mm……以此类推。

1∶1 水平定标后，水平刻度全长（100 mm）表示在显示屏上显示的是反射体在探测面上的投影至斜探头入射点的水平距离。

二维码 2-7-1 和二维码 2-7-2 分别为模拟机直探头和斜探头定标的操作过程。

二维码 2-7-1　模拟机直探头定标　　　　二维码 2-7-2　模拟机斜探头定标

2．数字机测试方法（以 PXUT-330 为例）
对数字机而言，时基线调整称为测零点声速或声速、延时测试。

37

在探伤界面按"零点"键弹出菜单，再按"1"选中"自动测试"后，屏幕对话框显示"1.预置工件声速：5 900 m/s；2.一次回波声程：100.0 mm；3.二次回波声程：200.0 mm，按↵键开始测试"。

根据所用探头类型设置工件声速，直探头一般为纵波，斜探头一般为横波，在测试前需正确预设工件声速，如果误差过大，目标回波将不在门内。

根据所用试块输入试块声程值，如果输入的试块声程值过小，则不能测零点声速，需重新输入另一恰当的数值。当"一次回波声程"输入数值后，"二次回波声程"所显示的数值将是"一次回波声程"的两倍。例如在"一次回波声程"处输入 30.0 mm，则"二次回波声程"的数值将变为 60.0 mm，此时如果认为"二次回波声程"不是 60.0 mm 而是50.0 mm，则可以按"3"键在"二次回波声程"处输入 50.0 mm（例如在使用小径管试块测试小径管探头时）。请注意："二次回波声程"必须大于"一次回波声程"。

仪器将根据输入值自动设置进波门（一般门位在第四格，门宽两格）、声程、增益、声速等参量，一般不需再调节，但有一些探头如双晶探头由于零点较长，可能需要移动 A门位或其他参量（如声程），使所需回波处于进波门内。调节参量后，按"返回"键回到原始测试状态。

如果测试斜探头，再确认一次声程值时，需用直尺量出探头前端至一次反射体的水平距离，并在确认测试值后输入。

在测试过程中仪器会自动记录门内出现的最高波，并且会自动增减增益调整回波高度，使门内最高波在预设值（一般80%）附近。门内出现的最高波的指示方式有两种：一种是十字光标，在最高波的最高点处会有一个光标指示最高的波的位置，当有更高的波比该点高时，光标会移到新的位置，当门内回波长时间缺失时，仪器会自动增加增益；另一种是峰波记忆，会将整个最高波的波形记录并显示在屏幕上。按峰值记忆快捷键可以在光标与峰波之间切换，当切换到峰波指示最高波后，自动增降增益功能不再起效。在测试时按"自动增益"键可以将门内回波自动增减到预设值，配合峰波指示使用更佳。

（1）直探头零点声速测定（二维码 2-7-3）。用厚度为 100 mm 的大平底（可用 CSK-ⅠA试块）测直探头零点及声速，按"1"键输入"预置工件声速"为"5 900 m/s"，按"2"键输入"一次回波声程"为"100 mm"（或其倍数，如果所用试块厚度过小，应考虑用多次波，这里输入 100 mm），仪器自动设置"二次回波声程"为"200 mm"，确认后开始测试，仪器在波形区右上角提示"移动探头使 100.0 mm 反射体最高回波在门内，↵确认"。

如图 2-7-3 所示，只需在试块上移动探头使反射体最高回波出现在进波门内且波幅稳定（波高约为 80%）时按"确定"键，仪器会自动改变声程、增益、门位使该次回波的双倍次波出现在进波门内，在波形区提示中的声程值会自动改为 200 mm，此时应稳住探头，使二次波稳定后按"确定"键，仪器将会算出零点及声速，并自动存储。

（2）斜探头零点声速测定（二维码 2-7-4）。用 CSK-ⅠA 试块测斜探头零点声速，输入"预置工件声速"为"3 230 m/s"，输入试块"一次声程"为"50 mm"，确认后开始测试，仪器在波形区右上方出现提示（参见直探头）；如图 2-7-4 所示，将探头放在 CSK-ⅠA

试块上并移动，使 R50 和 R100 圆弧的两个圆弧面的最高反射体回波同时出现，且 R50 的回波处于进波门内时（波高约为 80%）用直尺量出探头前端至 R50 圆弧的水平距离，并按"确定"键，稳住探头后等 R100 回波也处于进波门内且稳定时按"确定"键，仪器会算出声速及零点，并自动存储，在屏幕上显示出的"探头至一次反射体水平距离"处输入先前测得的水平距离并确定。

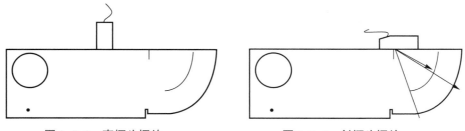

图 2-7-3　直探头摆放　　　　　　　　　图 2-7-4　斜探头摆放

如果用ⅡW试块（又称荷兰试块，无 R50 圆弧）测斜探头声速，则试块"一次声程"输入"100 mm"，"二次声程"输入"200 mm"，其他操作与 CSK-ⅠA 类似。

注：

（1）测零点声速时不可调延时，不可更换通道，也不可嵌套其他测试；

（2）确认回波时应注意在屏幕左上角有"测零点声速"提示时才可按"确定"键；

（3）确认进波门内回波时，需波高为标准波高（一般为 80%）左右，否则有可能造成测试误差，当所需回波处于进波门内但波高不是 80% 时，稍等片刻，仪器会自动调节增益，使回波高度约为 80%；如果回波不在进波门，可移动"A 门位"使回波处于进波门内。

二维码 2-7-3 和二维码 2-7-4 分别为数字机直探头和斜探头零点声速测定的操作过程。

二维码 2-7-3　数字机直探头零点声速测定　　　二维码 2-7-4　数字机斜探头零点声速测定

说明：

（1）上述所输入数值仅为举例，应根据使用试块的实际情况进行输入；

（2）不同的数字超声仪可能操作按键有所不同，但其测试原理都是一致的，即通过标定一次和二次反射体来测试声速和延时。

■ 四、思考

（1）思考时基线调整的意义。

（2）思考模拟机与数字机在时基线调整上的异同。

任务八　钢板超声波检测（对比试块法的超声纵波检测）

钢板是制造锅炉、压力容器、压力管道、轮船、潜艇等重要设备的主要原材料。普通钢板由板坯轧制而成，其常见缺陷主要有分层、折叠、白点等。为保障设备的安全运行，有必要对钢板进行超声检测。

■ 一、检测目的

采用对比试块法进行超声纵波检测操作，掌握钢板的超声检测方法。

■ 二、检测设备

（1）超声波探伤仪（以 PXUT-330 为例）。
（2）直探头（2.5P20Z）。
（3）$\phi 5 \sim 30$ mm 平底孔试块（T=45 mm）。
（4）钢板（28 mm）。

■ 三、检测步骤

可通过二维码 2-8-1 和二维码 2-8-2 观看钢板及碳纤维复合材料超声检测操作演示视频。

二维码 2-8-1　钢板超声检测　　二维码 2-8-2　碳纤维复合材料超声检测

1．开机及通道初始化
按电源键开机，对仪器当前检测通道进行初始化。

2．参数设置
（1）预设声速 5 900 m/s。
（2）探头类型设为直探头。
（3）晶片尺寸设为 20 mm。
（4）声程调到合适位置（即显示屏上的声程范围大于 2T 为最佳）。

3．零点声速测定
利用 $\phi 5 \sim 30$ mm 平底孔试块（T=45 mm）进行探头零点及声速测定，即声程 1 ∶ 1 定标，具体操作可参照任务七。

4．测表面补偿
按任务六中直探头纵波表面声能损失补偿测定方法进行测定，实际检测过程中一般根据经验值直接输入。

注:

氧化皮完整	补偿 2 ～ 3 dB
砂轮打磨	补偿 3 ～ 4 dB
氧化皮局部脱落	补偿 4 ～ 5 dB
油漆层完整	补偿 6 ～ 7 dB

5. 灵敏度确定

板厚 ≤ 20 mm 时,用图 2-8-1 所示阶梯平底试块调节,也可用被检板材无缺陷完好部位调节,此时用与工件等厚部位或被检钢板的第一次底波调整到满刻度的 50%,再提高 10 dB 作为基准灵敏度。板厚 > 20 mm 时,按所用探头和仪器在 ϕ5 mm 平底孔试块(板材超声检测试块,本任务用 #1 试块,厚度 45 mm,三个平底孔埋深分别为 10 mm、20 mm、30 mm,如图 2-8-2 所示)上绘制距离 – 波幅曲线,并以此曲线作为基准灵敏度。

本次任务被检钢板厚度为 28 mm,灵敏度调节方法如下:进入仪器(DAC 曲线制作功能,取消 K 值测试),将探头置于板材超声检测 #1 试块上,找到 10 mm、20 mm、30 mm 深 ϕ5 mm 平底孔最高回波并采点,生成距离 – 波幅曲线。

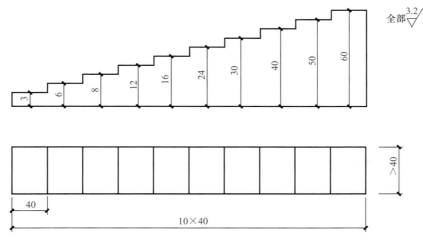

图 2-8-1 阶梯平底试块

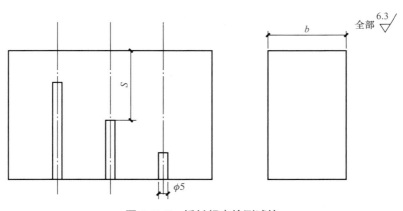

图 2-8-2 板材超声检测试块

6．扫查方式

（1）在板材边缘或剖口预定线两侧范围内应作 100% 扫查，扫查区域宽度见表 2-8-1。

（2）在板材中部区域，探头沿垂直于钢板压延方向，间距不大于 50 mm 的平行线进行扫查，或探头沿垂直和平行板材压延方向且间距不大于 100 mm 格子线进行扫查，扫查示意如图 2-8-3 所示。

（3）双晶直探头扫查时，探头的移动方向应与探头的隔声层相垂直。

注：本任务采用（1）、（2）两种扫查方式。

表 2-8-1　板材边缘或剖口预定线两侧区域宽度

板厚	区域宽度
＜ 60	50
≥ 60 ～ 100	70
≥ 100	100

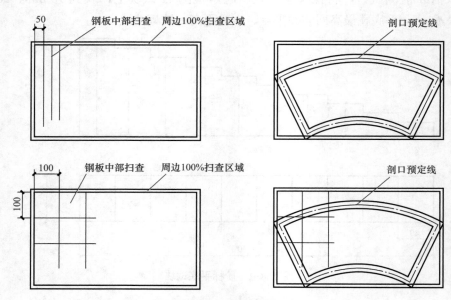

图 2-8-3　扫查示意

7．缺陷的判定

在检测基准灵敏度条件下，发现下列两种情况之一即为有缺陷：

（1）缺陷第一次反射波 F_1 波幅高于距离 – 波幅曲线；或用双晶探头检测板厚小于 20 mm 板材时，缺陷第一次反射波 F_1 波幅大于或等于显示屏满刻度的 50%。

（2）底面第一次反射波 B_1 波幅低于显示屏满刻度的 50%，即 B_1 ＜ 50%。

8．缺陷的定量

（1）找到缺陷最高回波，记录缺陷的反射波幅或当量平底孔直径。

（2）移动探头使缺陷波下降到距离 – 波幅曲线，探头中心点即为缺陷的边界点。

（3）缺陷边界范围确定后，用一边平行于板材压延方向的矩形框包围缺陷，其长边作为缺陷的长度，矩形面积则为缺陷的指示面积。

9．缺陷尺寸的评定方法

（1）缺陷指示长度的评定规则：用平行于板材压延方向的矩形框包围缺陷，其长边作为该缺陷的指示长度。

（2）单个缺陷指示面积的评定规则：

1）一个缺陷以其指示的矩形面积作为该缺陷的指示面积。

2）多个缺陷其相邻间距小于相邻较小缺陷的指示长度时，按单个缺陷处理，缺陷指示面积为各缺陷面积之和。

10．钢板质量级别判定

根据《承压设备无损检测 第3部分：超声检测》（NB/T 47013.3—2015）规定，钢板质量分级见表2-8-2和表2-8-3。在具体进行质量分级时，表2-8-2和表2-8-3应独立使用。

在检测过程中检测人员如确认钢板中有白点、裂纹等缺陷存在，应评为Ⅴ级。

在板材中部检测区域，按最大允许单个缺陷指示面积和任一1 m×1 m检测面积内部缺陷最大允许个数确定质量等级。

在板材边缘或剖口预定线两侧检测区域，按最大允许单个缺陷指示长度、最大允许单个缺陷指示面积和任一1 m检测长度内最大允许缺陷个数确定质量等级。

表2-8-2　承压设备用板材中部检测区域质量分级

等级	最大允许单个缺陷指示面积 S 或当量平底孔直径 D	在任一1 m×1 m检测面积内缺陷最大允许个数	
		单个缺陷指示面积或当量平底孔直径评定范围	最大允许个数
Ⅰ	双晶直探头探测：$S \leqslant 50$	双晶直探头检测：$20 < S \leqslant 50$	10
	单晶直探头检测：$D \leqslant \phi5 + 8$ dB	单晶直探头检测：$\phi5 < D \leqslant \phi5 + 8$ dB	
Ⅱ	双晶直探头检测：$S \leqslant 100$	双晶直探头检测：$50 < S \leqslant 100$	10
	单晶直探头：$D \leqslant \phi5 + 14$ dB	单晶直探头检测：$\phi5 + 8$ dB $< D \leqslant \phi5 + 14$ dB	
Ⅲ	$S \leqslant 1\,000$	$100 < S \leqslant 1\,000$	15
Ⅳ	$S \leqslant 5\,000$	$1\,000 < S \leqslant 5\,000$	20
Ⅴ	超过Ⅳ级者		

表 2-8-3　承压设备用板材边缘或剖口预定线两侧检测区域质量分级

等级	最大允许单个缺陷指示长度 L_{max}	最大允许单个缺陷指示面积 S 或当量平底孔直径 D	在任一 1 m 检测长度内最大允许缺陷个数	
			单个缺陷指示长度 L 或当量平底孔直径评定范围	最大允许个数
Ⅰ	≤ 20	双晶直探头检测：$S \leqslant 50$	双晶直探头检测：$10 < L \leqslant 20$	2
		单晶直探头检测：$D \leqslant \phi5 + 8\,dB$	单晶直探头检测：$\phi5 < D \leqslant \phi5 + 8\,dB$	
Ⅱ	≤ 30		双晶直探头检测：$15 < L \leqslant 30$	3
		单晶直探头检测：$D \leqslant \phi5 + 14\,dB$	单晶直探头检测：$\phi5 + 8\,dB < D \leqslant \phi5 + 14\,dB$	
Ⅲ	≤ 50	$S \leqslant 1\,000$	$25 < L \leqslant 50$	5
Ⅳ	≤ 100	$S \leqslant 2\,000$	$50 < L \leqslant 100$	6
Ⅴ	超过Ⅳ级者			

11．填写检测报告

在实际的超声检测中，不同的企业单位、不同的检测对象，以及不同的检测标准和技术条件、检验工艺规范等，要求的检测报告格式会有所不同，下面仅给出一个例子，说明最基本的要求填写的内容（表 2-8-4）。

注：在检测报告中做出结论时，应当注意正确使用结论的用词，应该是做出"合格（验收）"或"不合格（拒收）"的结论，而不应轻易使用"报废"字眼，因为根据采用的技术条件和验收标准判定不合格的工件，未必不能用于其他技术条件或验收标准，或者可以经过翻修或特殊加工工艺而被挽救使用。

表 2-8-4　钢板超声波探伤报告

钢板材质	16MnR	板厚 /mm	30	试件编号	U2 01 30
仪器型号	PXUT-330	探头型号	5P20Z	参考试块	CB Ⅱ -1
耦合剂	机油	耦合补偿	3 dB	验收级别	Ⅰ级
探伤标准	《承压设备无损检测 第 3 部分：超声检测》（NB/T 47013.3—2015）			灵敏度	$\phi5$ 平底孔，50%

缺陷编号	L_1 /mm	L_2 /mm	L_3 /mm	S /mm^2	对任一 1 m×1 m 面积的百分比 /%	评定级别	设备
①	300	200	20	80	4	Ⅱ	

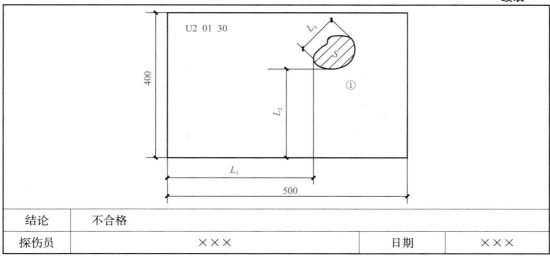

结论	不合格		
探伤员	×××	日期	×××

■ 四、思考

为什么在对埋深 10 mm、20 mm、30 mm 平底孔采点时（制作距离－波幅曲线），平底孔对应最高回波不是依次降低的呢？

任务九 锻件超声检测（底波计算法超声检测）

锻件和铸件是制造各种机械设备的重要毛坯件，在航空航天、特种设备等行业的重要零部件制造中应用非常广泛。它们在生产加工过程中常会产生一些缺陷，如缩孔、缩松、夹杂物、裂纹、折叠及白点等，对设备的安全使用带来影响，因此有必要对其进行超声检测。

■ 一、检测目的

在没有对比试块可用时（工件有上下平行面），对工件采用底波计算法进行超声纵波检测；掌握锻件超声检测的基本方法。

■ 二、检测设备

（1）超声检测仪（PXUT-330）。

（2）直探头（2.5P20Z）。

（3）CSK-IA 试块。

（4）锻件。

■ 三、检测步骤

二维码 2-9-1 给出了底波计算法的锻件超声检测操作过程演示；二维码 2-9-2 给出了 AVG 法的锻件超声检测过程。

二维码 2-9-1　底波计算法锻件超声检测　　　二维码 2-9-2　AVG 法锻件超声检测

1．开机及通道初始化

按电源键开机，对仪器当前检测通道进行初始化。

（轻按电源键开机，待仪器自检完成后按"确定"键进入仪器探伤主界面，单击"通道"键，再按"+"或"-"选择一个探伤通道，然后按最右侧 F4 键进入初始化菜单，选择"1"当前通道初始化完成。）

2．参数设置

（1）预设声速 5 920 m/s；

（2）探头类型设为直探头；

（3）晶片尺寸设为 20 mm；

（4）声程调到合适位置（即一次底波处于 X 轴 80% 左右处）。

（按两次"通道"键进入探头参数设置菜单，设置探头的类型、频率、晶片尺寸以及所采用的探伤标准，按"确定"键设置生效。）

3．零点声速测定

按两次"零点"键进入调校菜单，仪器默认预置工件声速 5 920 m/s，一次回波声程 100 mm，二次回波声程 0 mm，按"确定"键进入测试。如图 2-9-1 所示，将探头置于 CSK-IA 试块 100 mm 厚的大平底上，待回波自动降至屏幕 80% 高时按"确定"键。

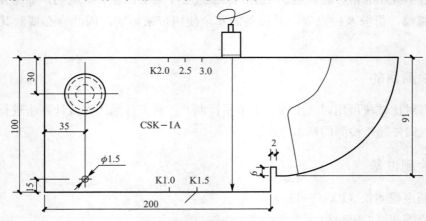

图 2-9-1　探头放置位置示意

4. 确定探伤起始灵敏度

将探头放置于工件无缺陷处找出大平底最高回波，按"增益"键再按"+"或"-"键，将回波调节至满幅80%，记录此时仪器显示的增益读数，记为BG，然后根据公式：

$$dB1=20\lg\frac{2\lambda X}{\pi D^2} \tag{2-9-1}$$

算出大平底与$\phi2$的dB差，记为dB1，不同深度锻件dB1值见表2-9-1。此时将仪器增益提高到BG+dB1，此即为探伤灵敏度（λ=声速/频率，X=工件厚度，D=平底孔直径$\phi2$）。

假定：ϕ=2 mm，X_B=180 mm，2.5P20直探头；在钢中的超声波长λ=（5 920×10³）/（2.5×10⁶）=2.36（mm）；近场长度N=20²/（4×2.36）=42（mm），显然$X_B>3N$；则dB1=20lg［2×2.36×180/（π×2²）］=36.5（dB）。

表2-9-1 不同深度锻件dB1计算值

$20\lg\frac{2\lambda X}{\pi D^2}$	130	140	150	160	170	180	190	200
2.5P20Z	33.8	34.4	35	35.6	36.1	36.6	37.1	37.5

技巧提示：当工件厚度较小时，可以选择近场长度较小的探头，例如晶片直径更小的探头等，来满足底波计算法要求工件厚度大于1.6倍近场长度的条件，由于是直接在工件上调整探伤起始灵敏度，因此可以不用考虑表面损失补偿的问题，但是在确定探伤起始灵敏度时，考虑到工件显微组织的不均匀性，因此最好多选择几处调试，以中等状况为准较合适，特别是在发现缺陷的时候，最好在缺陷附近的组织完好并且表面状况一致处重新校核探伤起始灵敏度，能更好保证缺陷定量的准确性。

5. 扫查

在被检工件的探测面上均匀涂刷耦合剂（例如机油），把探头置于锻件上，并保持平稳耦合，进行扫查作业，扫查方式如图2-9-2所示，注意扫查间距不应大于探头直径的一半，以防止漏检，在扫查过程中发现有高度超过基准波高（80%满刻度，注意：此时使用$\phi2$平底孔作为基准，大于$\phi2$基准才作为超标缺陷记录，但在学生学习操作时，一般出现缺陷波都做记录）的缺陷回波时应立即在发现缺陷时的探头位置处做上标记，然后继续扫查直到整个探测面扫查完毕，确认有几处缺陷，再逐一进行缺陷评定。

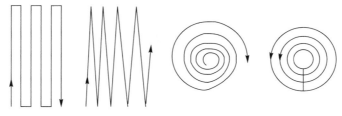

图2-9-2 扫查方式示意

6. 缺陷记录

如发现缺陷回波，按"波门"键再按"+"键或"-"键将波门移至缺陷波上方，通过

47

调节增益使得缺陷波的最高波置于屏幕的 80% 高，记录下此时的增益值，记为 dB2，同时记录下屏幕上方显示区缺陷的深度读数 ↓ ××.× 记录为 h。

7．缺陷当量的计算

方法一：根据公式

$$\Delta dB = BG + dB1 - dB2 - 12 - 40\lg(X/h) \tag{2-9-2}$$

直接计算缺陷当量值，即缺陷大小相当于 $\phi 4 + \Delta dB$。

方法二：根据公式

$$BG + dB1 - dB2 = 40\lg\frac{Df \cdot Ax}{Dj \cdot Af} \tag{2-9-3}$$

其中，Ax 为锻件厚度，Af 为缺陷深度，Df 为待测缺陷孔径，Dj 为 $\phi 2$，算出缺陷的孔径 Df，然后根据公式

$$\Delta dB = 40\lg\frac{Df}{4} \tag{2-9-4}$$

算出缺陷大小相当于 $\phi 4 - \Delta dB$。

8．记录缺陷坐标值（X，Y）

用直尺量出探头中心到锻件参考原点的坐标，如图 2-9-3 所示。

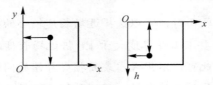

图 2-9-3　锻件平面坐标

9．质量评级

根据计算出的缺陷当量大小，查标准《承压设备无损检测 第 3 部分：超声检测》（NB/T 47013.3—2015）中"锻件超声检测缺陷质量分级"，对被检锻件进行质量评级，见表 2-9-2。

表 2-9-2　锻件超声检测缺陷质量分级　　　　　　　　　　　　mm

等级	Ⅰ	Ⅱ	Ⅲ	Ⅳ	Ⅴ
单个缺陷当量平底孔直径	≤ $\phi 4$	≤ $\phi 4$+6 dB	≤ $\phi 4$+12 dB	≤ $\phi 4$+18 dB	> $\phi 4$+18 dB
由缺陷引起的底波降低量 BG/BF	≤ 6 dB	≤ 12 dB	≤ 18 dB	≤ 24 dB	> 24 dB
密集区缺陷当量直径	≤ $\phi 2$	≤ $\phi 3$	≤ $\phi 4$	≤ $\phi 4$+4 dB	> $\phi 4$+4 dB
密集区缺陷面积占检测总面积的百分比 /%	0	≤ 5	≤ 10	≤ 20	> 20

注：1．由缺陷引起的底波降低量仅适用于声程大于近场区长度的缺陷。
　　2．表中不同种类的缺陷分级应独立使用。
　　3．密集区缺陷面积指反射波幅大于等于 $\phi 2$ 当量平底孔直径的密集区缺陷。

10. 签发检测报告

根据检测结果签发检测报告，见表2-9-3。

表2-9-3 锻件超声探伤报告

试件材质	16MnR	锻件厚度/mm	100	试件编号	UT03
仪器型号	PXUT-330	探头型号	2.5P20Z	参考试块	试件大平底
耦合剂	机油	耦合补偿	0 dB	验收级别	I级
探伤标准	《承压设备无损检测第3部分：超声检测》(NB/T 47013.3—2015)			灵敏度	不低于ϕ2平底孔

缺陷	X/mm	Y/mm	H/mm	SF/mm²	SF/S/%	BG/BF/dB	A_{max}/$\phi 4\pm$dB	评定	备注
①	20	40	60	100	1	9	+10	Ⅲ	

示意图：

（a）长方体试件；（b）圆柱体试件

注：SF为密集型缺陷面积，$SF=L\times B$；S为探测面面积

结论	不合格		
探伤员	×××	日期	×××

四、思考

思考底波计算法与AVG法锻件超声检测之间的异同。

世界上几乎各个工业部门都应用焊接技术制造各种重要结构，特别是特种设备、船舶和建筑（钢结构）等行业，焊接加工应用非常广泛。而焊接的本质是一个条件非常恶劣的热处理过程，焊接过程中容易出现裂纹、夹杂、气孔、未焊透、未熔合等缺陷，由于焊接接头余高的影响及接头中裂纹、未焊透、未熔合等危害性大的缺陷往往与检测面垂直或成一定角度，故一般采用超声横波斜探头法检测。

超声横波探伤是比纵波探伤复杂一些的探伤过程。钢板对接焊缝超声横波检测操作可较全面地反映超声横波检测过程。

■ 一、检测目的

基本掌握焊缝超声探伤的方法、程序要求等基本操作技能。

■ 二、检测设备

（1）超声波探伤仪（PXUT-330）。

（2）斜探头（2.5P13×13K2 等）。

（3）CSK-ⅠA 试块。

（4）CSK-ⅡA 试块。

（5）对接焊缝试板（焊缝长度 ≤ 300 mm，板厚 > 15 mm）。

（6）耦合剂 – 机油、化学糨糊等。

■ 三、检测步骤

二维码 2-10-1 和二维码 2-10-2 给出了基于《承压设备无损检测第 3 部分：超声检测》（NB/T 47013.3—2015）及《焊缝无损检测 – 超声检测 – 技术、检测等级和评定》（GB/T 11345—2013）标准的焊缝超声检测操作演示视频，读者可参照学习焊缝超声检测的基本操作。

二维码 2-10-1　焊缝超声检测　　　二维码 2-10-2　焊缝超声检测
（NB/T 47013.3—2015）　　　　　（GB/T 11345—2013）

1．开机及通道初始化

按电源键开机，对仪器当前检测通道进行初始化。

（轻按电源键开机，待仪器自检完成后按"确定"键进入仪器探伤主界面，按"通道"键，再按"+"键或"–"键选择一个探伤通道，然后按最右侧"F4"键进入初始化菜单，选择"1"当前通道初始化完成。）

2．参数设置

（1）预设声速 3 230 m/s。

（2）探头类型设为斜探头。

（3）晶片尺寸设为 13 mm×13 mm。

（4）声程调到合适位置（即显示器的标度范围大于 2T 为最佳）。

3．零点声速测定（以 PXUT-330 为例）

参照任务七中斜探头时基线调整操作步骤进行。

按两次"零点"键，一次声程输入 100，二次声程输入 0，按"确定"键开始测试，如图 2-10-1 所示，将斜探头放在 CSK-IA 试块上移动，寻找 R100 的最高回波，按"确定"键，用钢尺量出探头最前端至 100 mm 弧顶的距离 L，输入所测数值并按"确定"键。

4．K 值测定（以 PXUT-330 为例）

按两次"角度"键，输入探头的标称 K 值，按"确定"键开始测试，如图 2-10-2 所示，将斜探头放在 CSK-IA 试块上移动，寻找 ϕ50 孔的最高回波，按"确定"键。

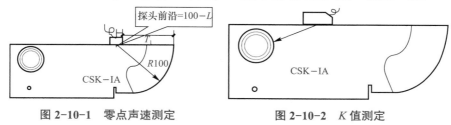

图 2-10-1　零点声速测定　　　　　图 2-10-2　K 值测定

5．测表面补偿值

因焊板的表面粗糙度与试块不同，所以需要测定焊板的表面补偿值，其测量方法与任务六相同。但因实际条件限制，在无法测量出厚焊板的表面补偿值时，常根据经验确定为 +3 dB（参见任务八）。

6．制作距离－波幅曲线（调灵敏度）

按"DAC"键，再按"确定"键开始测试，如图 2-10-3 所示，将斜探头放在 CSK-ⅡA 试块上，寻找 10 mm 深孔的最高回波，按"自动增益"键使回波调整到 80％，按"+"键使光标锁定在 10 mm 深孔的最高回波上，按"确定"键完成第一点制作；按上述步骤依次采定测试点（20 mm、30 mm、40 mm、50 mm、60 mm…），各点采集完成后按"确定"键，输入表面补偿 3 dB 及所探焊缝板材厚度，按"确定"键，屏幕上曲线自动生成。

（备注：最大深度一般情况下输入 80，但一定要满足大于或等于两倍板厚。）

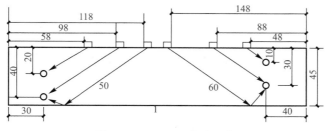

图 2-10-3　DAC 曲线制作

注：图 2-10-3 所示以 K2、前沿为 12 mm 的探头为例；测量不同深度孔时，探头端头距离试块端头距离如图所示。

7．确定探伤起始灵敏度

根据《承压设备无损检测 第 3 部分：超声检测》（NB/T 47013.3—2015）标准，起始灵敏度即为距离－波幅曲线上 2T（48 mm）所对应的评定线的增益读数。

起始灵敏度表示方法：$\phi 2\times 40\text{-}18$ dB（含表面补偿值 3 dB）。

8．扫查作业

扫查前将增益读数调到起始灵敏度读数——两倍板厚所对应评定线为满屏的 20% 高。

根据《承压设备无损检测 第 3 部分：超声检测》（NB/T 47013.3—2015）标准规定，$L \geqslant 1.25P$，L 为单侧的扫查范围，$P=2TK=2\times 20\times 2=80$（mm），$L=1.25\times 80=100$（mm）（假设板厚为 20 mm）。

扫查前在扫查范围内均匀涂上耦合剂，使斜探头与焊板完全耦合。采用单面双侧探伤，尽量扫查到工件的整体被检区域，并应进行两次扫查，即锯齿形扫查和斜平行扫查，如图 2-10-4 所示。锯齿形扫查为前后扫查、左右扫查和摆动扫查结合的扫查方式，用于检查焊缝的纵向缺陷，如图 2-10-5 所示；斜平行扫查用于检查焊缝的横向缺陷。探头的扫查速度不应超过 150 mm/s。

在扫查过程中发现有缺陷回波信号出现时，首先应该判断其是否为缺陷回波，确认后应该在焊缝相应位置上做出简易标记，继续完成整个焊缝的扫查，确定有缺陷区域的数量及大致分布状况，然后再逐一进行评定。

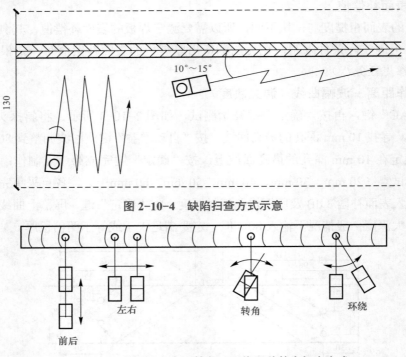

图 2-10-4　缺陷扫查方式示意

图 2-10-5　前后、左右、转角、环绕四种基本扫查方式

9. 缺陷评定

焊接接头的缺陷评定包括确定缺陷的位置、缺陷性质、缺陷幅度和缺陷的指示长度，然后结合所用标准中的规定，对焊接接头进行质量分级。

超声检测发现反射波幅超过Ⅰ区的缺陷以后，首先要判断缺陷是否位于焊缝中或在焊缝截面的位置，之后判断缺陷是否具有裂纹、未熔合等危害性缺陷特征。如为危害性缺陷则直接评定为最低质量级别。如不是危害性缺陷，则确定缺陷的最大反射波幅在距离－波幅曲线上的区域，并对缺陷指示长度进行测定。缺陷的幅度区域和指示长度确定之后，需要结合相关标准的规定，评定质量级别。

（1）缺陷定位。首先在焊缝的两侧找到缺陷的最大回波处，然后调节增益，把回波高度调至80%满刻度，固定斜探头，用钢直尺量出探头前沿至焊缝中心线的距离 X_1 及探头中心线至焊缝边缘的距离 S_3，如图2-10-6所示。再在显示屏上读出此时的埋深 H、增益 A。要判断回波是否在焊缝上，可根据公式 $|X_1+L-X_2|=X \leqslant M/2$（$M$ 为焊缝宽度）来判断，若该式成立，则在焊缝内，反之在母材上。必要时还要从焊缝的另一侧进行探测验证，检测是否为焊缝缺陷。

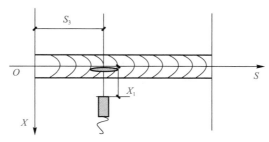

图 2-10-6　缺陷定位示意

缺陷实际埋深的确定（y 为缺陷实际埋深，y' 为显示埋深）：

1）当缺陷埋深 $y < T$（板厚）时，y 等于缺陷距探测面的实际埋深 y'（一次波或直射波）；

2）当 $T < y' < 2T$ 时，$y=2T-y'$（二次波或者一次反射波）；

3）当 $2T < y' < 3T$ 时，$y=y'-2T$（三次波或者二次反射波）。

缺陷最大点的坐标表示为（X_1，S_3，y），其几何原理如图2-10-7所示。

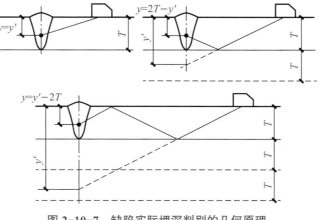

图 2-10-7　缺陷实际埋深判别的几何原理

注：现在数字机输入板厚，会自动计算出缺陷的实际埋深。

（2）缺陷定量。在定位时已经记下缺陷最大回波时的增益读数 A，然后根据此缺陷的深度（H 读数），在距离－波幅曲线上找到其 H 读数对应的定量线上的 dB 值 B，即 $\Delta=A-B$。则缺陷当量可表示为 $[（\phi2\times40-18）+\Delta]$（注意：在现在大多数数字超声检测仪器上，可以直接读取 $SL+\Delta$dB，即表示缺陷当量比此处的定量线大 Δ（正为大，负为小）。

（3）缺陷测长。《承压设备无损检测 第 3 部分：超声检测》（NB/T 47013.3—2015）中关于测长方法的规定如下：

1）当缺陷反射波只有一个高点，且位于Ⅱ区或Ⅱ区以上时，使波幅降到显示屏满刻度的 80% 后，用 –6 dB 法测其指示长度。

2）当缺陷反射波峰值起伏变化，有多个高点，且位于Ⅱ区或Ⅱ区以上时，使波幅降到显示屏满刻度的 80% 后，应以端点 6 dB 法测其指示长度。

3）当缺陷反射波峰位于Ⅰ区，如认为有必要记录时，将探头左右移动，使波幅降到评定线，以此测定缺陷指示长度。

①6 dB 法（俗称半波高度法 – 单个波峰）。当缺陷只有一个最大回波（例如未焊透、未熔合等形状较规则的缺陷）时，可采用 6 dB 法测长，即在前面对缺陷定量时将最大缺陷回波高度降到 80% 满刻度的基础上，提高 6 dB 增益，然后左右移动探头至缺陷回波高度重新下降到 80% 满刻度，此时两端探头中心之间的距离即为缺陷指示长度，如图 2-10-8 所示。

②端部峰值 6 dB 法。当缺陷回波不只是一个最大回波，而是有多个峰值时，说明这是粗细不均匀的长条形缺陷（例如条状夹渣或裂纹），这需要采用端部峰值 6 dB 法测长，即沿缺陷延伸方向移动探头至出现最后一个回波峰值（再往后就只有单调下降的回波）的位置开始用 6 dB 法测量此端的最远点，再反向按同样方法测出另一端的最远点，这两端最远点之间的距离即缺陷指示长度，如图 2-10-9 所示。

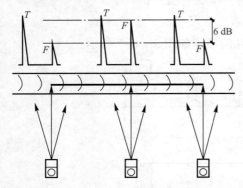

图 2-10-8　6 dB 法测量缺陷长度示意

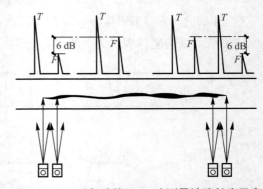

图 2-10-9　端部峰值 6 dB 法测量缺陷长度示意

《承压设备无损检测 第 3 部分：超声检测》（NB/T 47013.3—2015）中关于缺陷指示长度计量的规定如下：

①缺陷指示长度小于 10 mm 时，按 5 mm 计。

②相邻两缺陷在一直线上，其间距小于其中较小的缺陷长度时，应作为一条缺陷处

理，以两缺陷长度之和作为其指示长度（间距不计入缺陷长度）。

10．质量评定

缺陷定位定量之后，要根据缺陷的当量和指示长度结合有关标准的规定评定焊缝的质量级别。《承压设备无损检测 第3部分：超声检测》（NB/T 47013.3—2015）标准将焊接接头质量级别分为Ⅰ、Ⅱ、Ⅲ三个等级，其中Ⅰ级质量最高，Ⅲ级质量最低。具体分级见表 2-10-1。

表 2-10-1　钢板对接焊缝质量评定　　　　　　　　　　mm

等级	工件厚度 t	反射波幅所在区域	允许的单个缺陷指示长度	多个缺陷累计长度最大允许值 L
Ⅰ	≥ 6 ～ 100	Ⅰ	≤ 50	—
	> 100		≤ 75	—
	≥ 6 ～ 100	Ⅱ	≤ $t/3$，最小可为 10，最大不超过 30	在任意 9t 焊缝长度范围内 L 不超过 t
	> 100		≤ $t/3$，最大不超过 50	
Ⅱ	≥ 6 ～ 100	Ⅰ	≤ 60	—
	> 100		≤ 90	—
	≥ 6 ～ 100	Ⅱ	≤ $2t/3$，最小可为 12，最大不超过 40	在任意 4.5t 焊缝长度范围内 L 不超过 t
	> 100		≤ $2t/3$ 最大不超过 75	
Ⅲ	≥ 6	Ⅱ	超过Ⅱ级者	
		Ⅲ	所有缺陷（任何缺陷指示长度）	
		Ⅰ	超过Ⅱ级者	—

注：1．当焊缝长度不足 9t（Ⅰ级）或 4.5t（Ⅱ级）时，可按比例折算。当折算后的多个缺陷累计长度允许值小于该级别允许的单个缺陷指示长度时，以允许的单个缺陷指示长度作为累计缺陷长度允许值。

2．用《承压设备无损检测 第3部分：超声检测》（NB/T 47013.3—2015）中 6.3.13.4 规定的测量方法，使声束垂直于缺陷的主要方向，移动探头测得缺陷长度。

11．记录与标记

缺陷评定后应将判废、需返修的有缺陷部位（按探伤标准规定）在焊缝上作出明显的且不容易被擦除的标记，并将评定结果详细记录和按规定在探伤报告中反映出来，如图 2-10-10 所示为常见的一种示意记录形式，表 2-10-2 为对应图 2-10-10 的记录表格格式。

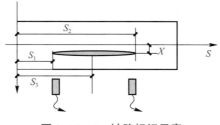

图 2-10-10　缺陷标记示意

12. 签发检测报告

根据检测结果签发检测报告，见表 2-10-2。

表 2-10-2　焊缝超声波探伤报告

试板材质	16MnR	板厚 /mm	20	试件编号	U1　01　30
仪器型号	PXUT-330	探头型号	2.5P13×13K2	对比试块	CSK-ⅠA、CSK-ⅡA
耦合剂	机油	耦合补偿	3 dB	探伤比例	100%
探伤标准	《承压设备无损检测 第3部分：超声检测》（NB/T 47013.3—2015）	灵敏度	$\phi2\times40$–18 dB	验收级别	Ⅰ级

缺陷编号	始点位置 S_1/mm	始点位置 S_2/mm	缺陷指示长度 S_2-S_1/mm	缺陷波幅最大时				缺陷所在区域	评定级别	备注
				最大波幅位置 S_3/mm	缺陷深度 H/mm	偏离焊缝中心 Q/mm	缺陷波幅值 A_{max} /±dB			
①	100	130	30	110	10	2	10	Ⅲ	Ⅲ	

示意图：

结论	不合格

■ 四、思考

试分析思考不同标准焊缝超声检测之间的特点。

任务十一　钢板超声检测操作指导书编制

一、被检对象及检测条件

现有一块用于制造压力容器的 Q345 钢板，厚度为 20 mm，按《固定式压力容器安全技术监察规程》要求进行超声检测（合同规定需进行横波检测）。执行《承压设备无损检测 第 3 部分：超声检测》（NB/T 47013.3—2015），验收等级为 Ⅱ 级。请编制该钢板的超声检测操作指导书。

可提供的检测设备和器材有：HS600；2.5P20FG10、5P20FG10、2.5P20FG20、5P20FG20、2.5P6×6K2、2.5P15×15K1、2.5P6×6K1；水、机油、化学糨糊。

请将钢板超声检测工艺参数填写在提供的操作指导书（工艺卡）中（表 2-11-1），并将探头及试块的选择、基准灵敏度的确定、扫查方式、缺陷的判定等技术要求填写在操作指导书（工艺卡）说明栏中。

二、问题分析

1. 基本参数

（1）仪器型号说明：HS600 为数字式超声波检测仪。

（2）耦合剂选择：检测钢板常用水作为耦合剂，成本低，操作方便。

（3）扫查速度：按《承压设备无损检测 第 3 部分：超声检测》（NB/T 47013.3—2015）第 4.5.3 条规定，探头的扫查速度一般不应超过 150 mm/s。

（4）不允许缺陷：验收等级 Ⅱ 级，按《承压设备无损检测 第 3 部分：超声检测》（NB/T 47013.3—2015）第 5.3.9 条的相关规定进行。

2. 纵波检测

（1）探头型号选择：钢板厚度为 20 mm，按《承压设备无损检测 第 3 部分：超声检测》（NB/T 47013.3—2015）第 5.3.3.1.1 条表 3 规定，应选用双晶直探头 5P20FG10。

（2）对比试块选择：按《承压设备无损检测 第 3 部分：超声检测》（NB/T 47013.3—2015）第 5.3.4.1 条、第 5.3.5 条的规定，可采用阶梯平底试块，也可采用被检钢板无缺陷完好部位。由于钢板厚度为 20 mm，且阶梯平底试块上没有与工件等厚部位，故优先选用工件大平底（若阶梯平底试块上有与工件等厚部位，两者皆可）。

（3）基准灵敏度的确定：钢板厚度为 20 mm，按《承压设备无损检测 第 3 部分：超声检测》（NB/T 47013.3—2015）第 5.3.5.1 条的规定，可将被检钢板无缺陷完好部位第一次底波调整到满刻度的 50%，再提高 10 dB 作为基准灵敏度。

（4）扫查方式：按《承压设备无损检测 第 3 部分：超声检测》（NB/T 47013.3—2015）第 5.3.6.3 条规定，在钢板边缘或剖口预定线两侧各 50 mm 区域宽度范围内做 100% 扫查；在钢板中部区域，探头沿垂直于钢板压延方向，间距不大于 50 mm 的平行线进行扫查，或探头沿垂直和平行钢板压延方向且间距不大于 100 mm 格子线进行扫查。

（5）缺陷的判定：钢板厚度为 20 mm，按《承压设备无损检测 第 3 部分：超声检测》（NB/T 47013.3—2015）第 5.3.7.1 条规定，在检测基准灵敏度条件下，发现下列两种情况之一即作为缺陷：① $F_1 \geqslant 50\%$；② $B_1 < 50\%$。

3．横波检测

（1）探头型号选择：按《承压设备无损检测 第 3 部分：超声检测》（NB/T 47013.3—2015）附录 D.2 规定，应选用 2.5P15×15K1。

（2）对比试块选择：按《承压设备无损检测 第 3 部分：超声检测》（NB/T 47013.3—2015）附录 D.3 规定，应制作 60°V 形槽对比试块，槽深为板厚的 3%［20×3%=0.6（mm）］，槽长至少为 25 mm。

（3）距离－波幅曲线的确定：钢板厚度为 20 mm，按《承压设备无损检测 第 3 部分：超声检测》（NB/T 47013.3—2015）附录 D.4.1.1、D.4.1.2、D.4.1.3 规定确定钢板横波检测距离－波幅曲线。

■ 三、编制操作指导书

钢板超声检测操作指导书见表 2-11-1。

表 2-11-1　钢板超声检测操作指导书（工艺卡）

工件名称	容器用钢板	材质	Q345
厚度/mm	20	表面状况	轧制面
检测标准	《承压设备无损检测 第 3 部分：超声检测》（NB/T 47013.3—2015）	合格级别	Ⅱ级
仪器型号	HS600	检测比例	100%
耦合剂	水	扫查速度	≤ 150 mm/s
纵波检测	探头型号	5P20FG10	对比试块	工件大平底
	表面补偿/dB	0	基准灵敏度	将被检钢板无缺陷完好部位第一次底波调整到满刻度的 50%，再提高 10 dB 作为基准灵敏度
	扫查方式	（1）在钢板边缘或剖口预定线两侧各 50 mm 区域宽度范围内做 100% 扫查；（2）在钢板中部区域，探头沿垂直于钢板压延方向，间距不大于 50 mm 的平行线进行扫查，或探头沿垂直和平行钢板压延方向且间距不大于 100 mm 格子线进行扫查		
	缺陷判定	（1）$F_1 \geqslant 50\%$；（2）$B_1 < 50\%$		

	探头型号	5P15×15K1	对比试块	60°V形槽
横波检测	表面补偿/dB	0	人工反射体尺寸	槽深为 0.6 mm，槽长至少为 25 mm
	距离－波幅曲线的确定	（1）将探头置于试块有槽的一面，使声束对准槽的宽边，找出第一个全跨距反射的最大波幅，调整仪器，使该反射波的最大波幅为满刻度的 80%，在显示屏上记录下该信号的位置。 （2）不改变仪器的调整状态，移动探头，得到第二个全跨距信号，并找出信号最大反射波幅，在显示屏上记录下该信号的位置。 （3）在显示屏上将上述内容所确定的点连成一直线，此线即为距离－波幅曲线		
	不允许缺陷	（1）白点、裂纹等危害性缺陷。 （2）板材中部检测区域。 ①最大单个缺陷指示面积 $S>100$ mm。 ②在任一 1 m×1 m 检测面积内，单个缺陷指示面积为 50 mm$^2<S \leqslant 100$ mm^2 评定范围的缺陷个数大于 10 个。 （3）板材边缘或剖口预定线两侧检测区域。 ①最大单个缺陷指示长度 $L_{max}>30$ mm。 ②最大单个缺陷指示面积 $S>100$ mm^2。 ③在任一 1 m 检测长度内，单个缺陷指示长度为 15 mm$<L \leqslant 30$ mm 评定范围的缺陷个数大于 3 个		
	编制人（资格）：×××UT-Ⅱ ××××年××月××日		审核人（资格）：×××UT-Ⅲ ××××年××月××日	

任务十二　锻件超声检测操作指导书编制

一、被检对象及检测条件

有一实心圆柱体钢锻件，规格为 $\phi1\,000×500$ mm。现要求对其进行超声检测，执行《承压设备无损检测 第 3 部分：超声检测》（NB/T 47013.3—2015），验收等级为Ⅱ级，请制定该钢锻件的超声检测工艺。

可提供的检测设备和器材有：CTS-22；2.5P20Z、2.5P30Z；CS-2 系列对比试块、CS-3 对比试块、CS-4 对比试块；水、机油、化学糨糊。

请将锻件超声检测工艺参数填写在提供的操作指导书（工艺卡）中（表 2-12-1），并将探头及试块的选择、检测面的选择、扫描比例的调节、基准灵敏度的确定等技术要求填写在操作指导书（工艺卡）说明栏中。

1. 基本参数

（1）仪器型号说明：CTS-22 为模拟式超声波检测仪。

（2）探头型号选择：2.5P20Z 的 $N \approx 42.4$ mm，2.5P30Z 的 $N \approx 95.3$ mm。按《承压设备无损检测 第 3 部分：超声检测》（NB/T 47013.3—2015）第 5.5.2.2 条、第 5.5.2.3 条、第 5.5.3.1 条规定，可选用近场区长度较小的 2.5P20Z。

（3）衰减系数测定：探头选用 2.5P20Z，锻件厚度为 500 mm $> 3N$，按《承压设备无损检测 第 3 部分：超声检测》（NB/T 47013.3—2015）第 5.5.6.3 条规定，衰减系数的计算公式 $\alpha = [(B_1 - B_2) - 6]/(2t)$。

（4）扫查方式：按《承压设备无损检测 第 3 部分：超声检测》（NB/T 47013.3—2015）第 5.5.6.4.1 条、第 4.5.2 条规定进行。

（5）缺陷当量的确定：按《承压设备无损检测 第 3 部分：超声检测》（NB/T 47013.3—2015）第 5.5.7 条规定进行。

注：对于 3 倍近场区内的缺陷，可采用制作 $\phi 3$ mm、$\phi 4$ mm 平底孔距离－波幅曲线来确定缺陷的当量。

（6）不允许缺陷：验收等级为 Ⅱ 级，按《承压设备无损检测 第 3 部分：超声检测》（NB/T 47013.3—2015）第 5.5.8 条的相关规定进行。

2. 主要检测方向

（1）检测面选择：锻件厚度为 500 mm，按《承压设备无损检测 第 3 部分：超声检测》（NB/T 47013.3—2015）第 5.5.2.4 条规定，锻件检测方向厚度超过 400 mm 时，应从相对两端面进行检测。

（2）对比试块选择：按《承压设备无损检测 第 3 部分：超声检测》（NB/T 47013.3—2015）第 5.5.4.3 条规定，单晶直探头检测采用 CS-2 试块。

（3）扫描比例调节：基本原则是在示波屏内至少能看到锻件完好部位第一次底面回波，并保证充分利用示波屏，若使第一次底波在第 10 格，则比例为 1∶5，故可按 1∶6 调节。

（4）基准灵敏度的确定：按《承压设备无损检测 第 3 部分：超声检测》（NB/T 47013.3—2015）第 5.5.5.1 条规定，使用 CS-2-1、CS-2-7、CS-2-13、CS-2-19、CS-2-25、CS-2-31 试块，依次测试检测距离分别为 25 mm、75 mm、125 mm、200 mm、300 mm、500 mm 的 $\phi 2$ mm 平底孔，制作距离－波幅曲线，并以此作为基准灵敏度。

注：制作距离－波幅曲线，$3N$ 内测试点密一些；$3N$ 外测试点可以疏一些。

3. 参考检测方向

（1）检测面选择：外圆面径向 100% 检测。

（2）对比试块选择：锻件直径为 1 000 mm，按《承压设备无损检测 第 3 部分：超声检测》（NB/T 47013.3—2015）第 5.5.4.3 条规定，可采用 CS-2-31 试块（500/$\phi 2$）。

（3）扫描比例调节：基本原则是在示波屏内至少能看到锻件完好部位第一次底面回波，

并保证充分利用示波屏，若使第一次底波在第 10 格，则比例为 1 ∶ 10，故可按 1 ∶ 12 调节。

（4）基准灵敏度的确定：按《承压设备无损检测 第 3 部分：超声检测》（NB/T 47013.3—2015）第 5.5.5.1 条规定，当被检部位的厚度大于等于 3N 时，可采用底波计算法确定基准灵敏度。方法如下：先计算 CS-2-31 试块（500/φ2）与 1 000/φ2 回波的分贝差为 12 dB，故将 500/φ2 的回波调整到基准波高，再增益 12 dB 即可。

■ 三、编制操作指导书

锻件超声检测操作指导书见表 2-12-1。

表 2-12-1　锻件超声检测操作指导书（工艺卡）

工件名称	钢锻件	规格 /mm	φ1 000×500
表面状况	机加工 Ra ≤ 6.3 μm	检测比例	100%
仪器型号	CTS-22	耦合剂	化学糨糊或机油
检测标准	《承压设备无损检测 第 3 部分：超声检测》（NB/T 47013.3—2015）	合格级别	Ⅱ 级
探头型号	2.5P20Z	衰减系数	$\alpha=[(B_1-B_2)-6]/(2t)$
检测面	应检测方向		参考检测方向
	相对两端面 100%		径向 100%
对比试块	CS-2 系列		CS-2-31
表面补偿 /dB	4 或实测		4 或实测
扫描比例	1 ∶ 6		1 ∶ 12
基准灵敏度	500/φ2		1 000/φ2
基准灵敏度调节说明	使用 CS-2-1、CS-2-7、CS-2-13、CS-2-19、CS-2-25、CS-2-31 试块，依次测试检测距离分别为 25 mm、75 mm、125 mm、200 mm、300 mm、500 mm 的 φ2 mm 平底孔，制作距离 - 波幅曲线，并以此作为基准灵敏度		CS-2-31 试块 500/φ2 与 1 000/φ2 回波的分贝差为 12 dB，将 500/φ2 的回波调整到基准波高，再增益 12 dB
扫查方式及说明	移动探头从相互垂直的方向在检测面上做 100% 扫查，探头的每次扫查覆盖率应大于探头直径的 15%		
缺陷当量的确定	（1）当被检缺陷的深度大于或等于探头的 3 倍近场区时，可采用 AVG 曲线或计算法确定缺陷的当量。对于 3 倍近场区内的缺陷，可采用距离 - 波幅曲线（制作 φ3 mm、φ4 mm 平底孔）来确定缺陷的当量。 （2）当采用计算法确定缺陷当量时，若材质衰减系数超过 4 dB/m，应进行修正。 （3）当采用距离 - 波幅曲线来确定缺陷当量时，若对比试块与工件材质衰减系数差值超过 4 dB/m，应进行修正		

不允许缺陷	（1）白点、裂纹等危害性缺陷； （2）单个缺陷当量平底孔直径大于 ϕ4+6 dB； （3）由缺陷引起的底波降低量 $BG/BF > 12$ dB； （4）密集区缺陷当量直径大于 ϕ3； （5）密集区缺陷占检测总面积的百分比大于 5%	
扫查示意图	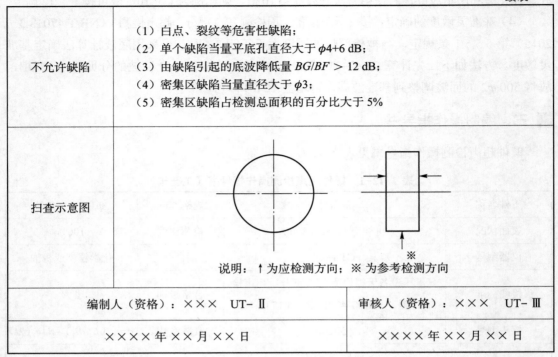 说明：↑为应检测方向；※为参考检测方向	
编制人（资格）：×××　UT-Ⅱ		审核人（资格）：×××　UT-Ⅲ
××××年××月××日		××××年××月××日

任务十三　焊缝超声检测操作指导书编制

一、被检对象及检测条件

有一在制承压设备——贮气罐（产品编号为 05-30），规格为 ϕ2 600 mm×16 mm× 9 000 mm，材质为 16MnR，对接焊接接头采用双面自动焊，焊缝宽度均为 25 mm。设计规定对接焊接接头进行 20% 超声检测，执行《承压设备无损检测 第 3 部分：超声检测》（NB/T 47013.3—2015），检测技术等级为 B 级，验收等级为 Ⅱ 级。请制定该贮气罐对接焊接接头的超声检测工艺。

可提供的检测设备和器材有：PXUT-350；2.5P13×13K2.5、5P13×13K2.5；水、机油、化学糨糊。

请将对接焊接接头超声检测工艺参数填写在提供的操作指导书（工艺卡）中（表 2-13-1），并将探头及试块的选择、检测面的选择、扫查灵敏度的确定、灵敏度校准、扫查方式、缺陷的测定与记录、不允许存在的缺陷等技术要求填写在操作指导书（工艺卡）说明栏中。

■ 二、问题分析

1. 设备器材

（1）仪器型号说明：PXUT-350 为数字式超声波检测仪。

（2）探头型号选择：按《承压设备无损检测 第3部分：超声检测》（NB/T 47013.3—2015）附录 N.1 规定，检测技术等级为 B 级，工件厚度为 16 mm，对于纵向缺陷和横向缺陷，均采用 1 种 K 值斜探头进行检测。再按《承压设备无损检测 第3部分：超声检测》（NB/T 47013.3—2015）第 6.3.6.2 条表 25 规定，应选用 5P13×13K2.5。

（3）试块选择：按《承压设备无损检测 第3部分：超声检测》（NB/T 47013.3—2015）第 6.3.3.1.2 条规定，标准试块选用 CSK-ⅠA；按《承压设备无损检测 第3部分：超声检测》（NB/T 47013.3—2015）第 6.3.3.2.2 条及表 23 规定，工件厚度为 16 mm，对比试块选用 CSK-ⅡA-1。

2. 技术要求

（1）检测面选择：按《承压设备无损检测 第3部分：超声检测》（NB/T 47013.3—2015）附录 N.1 规定，检测技术等级为 B 级，工件厚度为 16 mm，对于纵向缺陷，用 1 种 K 值斜探头单面双侧检测；对于横向缺陷，用 1 种 K 值斜探头单面检测。

（2）扫查速度：按《承压设备无损检测 第3部分：超声检测》（NB/T 47013.3—2015）第 4.5.3 条规定，探头的扫查速度一般不应超过 150 mm/s。

（3）探头移动区宽度：按《承压设备无损检测 第3部分：超声检测》（NB/T 47013.3—2015）第 6.3.5.1 条及附录 N.1 的规定，检测技术等级为 B 级，工件厚度为 16 mm，探头移动区宽度应大于等于 $1.25P$ [$1.25P = 1.25 \times 2Kt = 1.25 \times 2 \times 2.5 \times 16 = 100$（mm）]。故探头应在焊缝两侧各不小于 100 mm 范围内进行扫查。

（4）扫查灵敏度的确定：按《承压设备无损检测 第3部分：超声检测》（NB/T 47013.3—2015）第 6.3.8.4.1 条表 27、第 6.3.8.4.5 条、第 6.3.8.4.6 条的规定，扫查灵敏度不应低于评定线灵敏度，检测和评定横向缺陷时，应将各线灵敏度均提高 6 dB。故检测纵向缺陷的扫查灵敏度为 $\phi 2 \times 40{-}18$ dB，检测横向缺陷的扫查灵敏度为 $\phi 2 \times 40{-}24$ dB。

（5）探头测试及扫描线调节：利用数字机 PXUT-350 在 CSK-ⅠA 标准试块上测定斜探头的前沿长度 l_0、实测 K 值，调节扫描速度。

（6）扫查方式：按《承压设备无损检测 第3部分：超声检测》（NB/T 47013.3—2015）第 6.3.9.1.1 条、第 6.3.9.1.2 条的规定，检测焊接接头纵向缺陷时，斜探头应做锯齿形、前后、左右、转角、环绕等扫查；检测焊接接头横向缺陷时，斜探头应做斜平行扫查。

（7）缺陷指示长度的测定与记录：按《承压设备无损检测 第3部分：超声检测》（NB/T 47013.3—2015）第 6.4.7 条的规定进行。

（8）不允许缺陷：验收等级 Ⅱ 级，按《承压设备无损检测 第3部分：超声检测》（NB/T 47013.3—2015）第 6.5.1 条的相关规定进行。

三、编制操作指导书

焊缝超声检测操作指导书见表 2-13-1。

表 2-13-1　焊缝超声检测操作指导书（工艺卡）

对接焊接接头超声检测操作指导书（工艺卡）				
工件	工件名称	贮气罐	工件编号	05-30
	规格 /mm	$\phi 2\,600 \times 16 \times 9\,000$	材料材质	16MnR
	检测部位	对接焊接接头	坡口形式	X
	检测时机	■焊后 □返修后 □机加工后 □轧制后 □热处理后 □打磨后		
	表面状态	打磨	焊接方法	自动焊＋焊条电弧焊
设备器材	仪器型号	PXUT-350	耦合剂	化学糨糊或机油
	探头型号	5P13×13K2.5	2:1	3:1
	标准试块	CSK-IA	对比试块	CSK-ⅡA-1
技术要求	检测标准	《承压设备无损检测 第3部分：超声检测》（NB/T 47013.3—2015）	检测技术等级	B 级
	合格级别	Ⅱ	检测面	纵向缺陷：单面；双侧横向缺陷：单面
	检测比例	20%	探头移动区宽度	在焊缝两侧各不小于 100 mm 范围内进行扫查
	扫查速度	≤ 150 mm/s		
	扫查灵敏度	纵向缺陷：$\phi 2 \times 40-18$ dB　横向缺陷：$\phi 2 \times 40-24$ dB	表面补偿/dB	4 或实测
探头测试及扫描线调节	每次检测前在 CSK-IA 标准试块上测定斜探头的前沿长度 l_0 和 K 值，调节扫描速度			
扫查方式以及说明	纵向缺陷：斜探头应垂直于焊缝中心线放置在检测面上，做锯齿形扫查。探头前后移动的范围应保证扫查到全部焊接接头截面。在保持探头垂直焊缝做前后移动的同时，扫查时还应做 10°～15°的左右转动，为观察缺陷动态波形和区分缺陷信号或伪缺陷信号，确定缺陷的位置、方向和形状，可采用前后、左右、转角、环绕四种探头基本扫查方式。 横向缺陷：可在焊接接头两侧边缘使斜探头与焊接接头中心线成不大于 10°做两个方向斜平行扫查			

64

缺陷指示长度的测定 与记录说明	（1）对所有反射波幅位于Ⅰ区或Ⅰ区以上的缺陷，均应对缺陷位置（距定位点、距焊缝中心的距离及深度）、缺陷最大反射波幅（所在区域）和缺陷指示长度等进行测定。 （2）当缺陷反射波只有一个高点，且位于Ⅱ区或Ⅱ区以上时，用 −6 dB 法测量其指示长度；当缺陷反射波峰值起伏变化，有多个高点，且均位于Ⅱ区或Ⅱ区以上时，应以端点 −6 dB 法测量其指示长度；当缺陷最大反射波幅位于Ⅰ区，将探头左右移动，使波幅降到评定线，用评定线绝对灵敏度法测量缺陷指示长度
不允许缺陷	（1）裂纹、未熔合和未焊透等缺陷； （2）波幅在Ⅲ区的所有缺陷； （3）波幅在Ⅰ区且指示长度大于 60 mm 的单个缺陷； （4）波幅在Ⅱ区且指示长度大于 12 mm 的单个缺陷； （5）在任意 72 mm 焊缝长度范围内波幅在Ⅱ区的多个缺陷的累计长度大于 16 mm
扫查示意图	
编制人（资格）：×××UT−Ⅱ ××××年××月××日	编制人（资格）：×××UT−Ⅲ ××××年××月××日

03 磁粉检测技术应用

【学习目标】

【知识目标】

（1）理解磁粉检测的基本原理、关键术语、分类方法及其优缺点；

（2）掌握磁粉检测综合性能测试的原理；

（3）掌握磁轭法、直接通电法以及中心导体法磁粉检测的磁化原理；

（4）掌握磁粉检测操作指导书的内容要求。

【技能目标】

（1）能够依据磁粉检测技术标准，进行磁悬液配制、溶度测定以及磁粉检测综合性能测定；

（2）能够依据磁粉检测技术标准，对焊缝、轴类、管类及圆环类零件进行磁粉检测，并对发现的缺陷进行评定和报告签发；

（3）能够严格按照要求进行磁粉检测后的零件退磁；

（4）能够根据被检对象特点及技术要求，编制简单的磁粉检测操作指导书。

【素质目标】

（1）能够严格按照技术规范执行磁粉检测综合性能测定及产品检测；

（2）认真进行磁痕分析，无漏检、零误判，反复验证，对产品检测结果高度负责；

（3）爱护磁粉检测设备，注意用电安全，做好检测后设备及被检试件的后处理工作；

（4）具有自主学习的能力，善于观察、思考和创新，同时具有环保意识，不随意倾倒废弃的磁悬液（特别是荧光磁悬液）。

岗课赛证

（1）对应岗位：无损检测员 - 磁粉检测技术岗；

（2）对应赛事及技能："匠心杯"装备维修职业技能大赛磁粉检测技能；

（3）对应证书：轨道交通装备1+X无损检测职业技能等级证书（磁粉）、特种设备无损检测员职业技能证书（磁粉）、中国机械学会无损检测人员资格证书（磁粉）、航空修理无损检测人员资格证书（磁粉）等。

一、磁粉检测原理

磁粉检测利用铁磁性工件缺陷处的漏磁场与磁粉的相互作用，即利用铁磁性材料制品表面和近表面缺陷（如裂纹、夹渣、发纹等）磁导率和工件磁导率的差异，磁化后这些材料不连续处的磁场将发生畸变，导致部分磁通泄漏处工件表面产生漏磁场，从而吸引磁粉形成缺陷处的磁粉堆积——磁痕，在适当的光照条件下，显现出缺陷位置和形状，对这些磁粉的堆积加以观察和解释，就实现了磁粉探伤，如图 3-1-1 所示。可以通过二维码 3-1-1，观看磁粉检测的具体介绍。

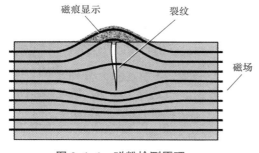

图 3-1-1　磁粉检测原理

二维码 3-1-1　磁粉检测介绍

1. 磁场（二维码 3-1-2）

磁体间的相互作用是通过磁场来实现的。磁场是指具有磁力作用的空间。磁铁或通电导体的内部和周围存在着磁场。

二维码 3-1-2　磁场认识

2. 磁力线

磁力线也称为磁感应线，是用于形象地描绘磁场的大小、方向和分布情况的曲线。磁力线每点的切线方向定义为该点的磁场方向。磁力线的疏密程度反映磁场的大小，磁场大小与单位面积磁力线数目成正比。故磁力线密集的地方磁场大，磁力线稀疏的地方磁场小。

磁力线具有以下特性：

（1）磁力线是具有方向性的闭合曲线；

（2）磁力线互不相交，且同向磁力线相互排斥；

（3）磁力线可描述磁场的大小和方向；

（4）磁力线总是沿着磁阻最小的路径通过。

3．磁场强度

表征磁场方向和大小的量称为磁场强度，常用符号 H 表示。磁场强度的方向由载电流的小线圈在磁场中取稳定平衡位置时线圈法线的方向确定；磁场强度的大小由线圈法线垂直于磁场强度方向的位置时作用于线圈上的力偶矩来决定。磁场强度的法定计量单位为安培每米（A/m），1 A/m 等于与一根通以 1 A 电流的长导线相距 $1/(2\pi)$ 米的位置处产生的磁场强度的大小。

4．磁感应强度

将原来不具有磁性的铁磁性材料放入外加磁场中，便得到了磁化，它除了外加磁场外，在磁化状态下铁磁性材料自身还产生一个感应磁场，这两个磁场叠加起来的总磁场，称为磁感应强度，用符号 B 表示。磁感应强度的法定计量单位为特斯拉（T），1 T 的磁感应强度将使 1 m 长通电 1 A 的导线受到 1 N 的力。

5．磁导率

磁导率又称为导磁系数，它表示材料被磁化的难易程度，用符号 μ 表示，单位为亨利每米（H/m）。磁导率是物质磁化时磁感应强度与磁场强度的比值，反映物质被磁化的能力。磁场强度 H、磁感应强度 B 和磁导率 μ 之间的关系可表示为 $\mu=B/H$，μ 又被称为绝对磁导率。一般在真空中磁导率为一不变的常数，用 μ_0 表示，$\mu_0=4\pi\times10^{-7}$ H/m。为了比较各种材料的导磁能力，常将任一种材料的绝对磁导率和真空磁导率的比值作为该材料的相对磁导率，用 μ_r 表示，$\mu_r=\mu/\mu_0$，μ_r 为一个量纲为 1 的数。

6．磁性材料

磁场对所有材料都有不同程度的影响，当材料处于外加磁场中时，可依据相应的磁特性的变化，将材料分为三类。

（1）抗磁材料。置于外加磁场中时，抗磁材料呈现非常微弱的磁性，其附加磁场与外磁场方向相反。铜、铋、锌等属于此类（$\mu<1$）材料。

（2）顺磁材料。置于外加磁场中时，顺磁材料也呈现微弱的磁性，但附加磁场与外磁场方向相同。铝、铂、铬等属于此类（$\mu>1$）材料。

（3）铁磁性材料。置于外加磁场中时，铁磁性材料能产生很强的与外磁场方向相同的附加磁场。铁、钴、镍和它们的许多合金属于此类（$\mu\gg1$）材料。

7．漏磁场

在磁性材料不连续处或磁路的截面变化处形成磁极，磁感应线溢出磁性材料表面所形成的磁场，称为漏磁场。磁通量从一种介质进入另一种介质时，因其磁导率不同，磁感应线将发生折射，磁力线方向在界面处发生改变。可见，漏磁场是由于介质磁导率的变化而使磁通漏到缺陷附近的空气中所形成的磁场。

■ 二、磁粉检测设备（二维码 3-1-3）

1．固定式磁粉探伤机

固定式磁粉探伤机的体积和重量大，额定周向磁化电流一般为 1 000 ～ 10 000 A。其能进行通电法、中心导体法、感应电流法、线圈法、磁轭法整体磁化或复合磁化等，带有照明装置、退磁装置和磁悬液搅拌、喷洒装置，有夹持工件的磁化夹头和放置工件的工作台及格栅，适用于对中小工件的探伤。还常常备有触头和电缆，以便对搬上工作台有困难的大型工件进行探伤。

2．移动式磁粉探伤仪

移动式磁粉探伤仪额定周向磁化电流一般为 500～800 A。其主体是磁化电源，可提供交流和单向半波整流电的磁化电流，附件有触头、夹钳、开合和闭合式磁化线圈及软电缆等，能进行触头法、夹钳通电法和线圈法磁化。这类设备一般装有滚轮可推动，或吊装在车上拉到检验现场，对大型工件探伤。

3．便携式探伤仪

便携式探伤仪具有体积小、重量轻和携带方便的特点，额定周向磁化电流一般为 500～2 000 A。其适用于现场、高空和野外探伤，一般用于检验锅炉压力容器和压力管道焊接，以及对飞机、火车、轮船的原位探伤或对大型工件的局部探伤。常用的仪器有带触头的小型磁粉探伤机、电磁轭、交叉磁轭或永久磁铁等。仪器手柄上装有微型电流开关，控制通、断电和制动衰减退磁。

二维码 3-1-3　磁粉检测设备

■ **三、磁粉检测方法分类（二维码 3-1-4）**

磁粉检测方法分类的方式有多种，其较常用的分类方法有以下几种：

（1）按工件磁化方向的不同，可分为周向磁化法、纵向磁化法、复合磁化法和旋转磁化法；

（2）按采用磁化电流的不同，可分为直流磁化法、半波直流磁化法和交流磁化法；

（3）按探伤所采用磁粉的配制不同，可分为干法和湿法；

（4）按照工件上施加磁粉的时间不同，可分为连续法和剩磁法。

二维码 3-1-4　磁粉检测方法分类

■ **四、磁粉检测程序**

首先，在实现有效检测前，必须先了解以下内容：

（1）检测要求——规范、说明以及合同要求；

（2）检查待检测的材料，包括材料的种类、形状、尺寸及数量等；

（3）事先了解可用的仪器设备和配件；

（4）操作人员的从业资格。

其次，应严格遵循程序进行检测。这应当是一种完整的、独立的、按部就班的、包括所有要求的程序，利用该程序有助于得到有意义的、可靠的，并且前后一致的测试结果。

为了得到有意义的数据结果，对材料的磁粉检测应包括以下几个步骤：

（1）对材料表面情况进行评估。

虽然这一步并不像在渗透试验中那样重要，但是实践发现，了解表面粗糙度也是非常重要的，因为这些部位有可能会引起检测时的混淆而被视为表面不连续处。因此，最好是在检测之前解决材料的表面问题。

（2）采用适当的清洁方法对材料的表面进行清洁，去除表面上所有会干扰磁粉分布的表面杂质。

（3）利用有关技术对待检测样品进行磁化处理。

（4）评估磁化处理效果。

（5）在最初的测试中，利用磁通线以大约90°方向对样品进行检测。

需要注意的是，在某些情况下，如果残余磁场高于使用磁场，有必要在检测前以90°方向对样品进行消磁处理。

（6）评估检测结果。

（7）按要求完成检测报告。

（8）对样品进行彻底清洗，如果有必要，在样品表面涂上一层防锈涂料。

■ 五、磁粉检测关键技术

当将磁粉检测技术用于某些特定领域时，需要综合考虑到很多关键技术的选择。

1. 连续法 VS 剩磁法

连续法（在施加磁粉的时候电流流动）会在检测样品的表面产生最强的磁性，因此在表面不连续处会产生最大的磁漏，有助于产生更明显的磁痕。

剩磁法的适用范围有所局限，仅仅适用于检测具有高保磁性的材料。

2. 湿法 VS 干法

一般来说，湿法（以悬浮液为分散媒介，磁悬液）主要适用于固定式设备，例如卧式湿法体系，并且首选用来检测光滑的表面。这些磁粉也可以装在密封罐中，供便携式设备使用。

干法磁粉主要用于交流磁轭法、直流触头法。

3. 可见磁粉 VS 荧光磁粉

到目前为止，检测最敏感的为荧光磁粉。虽然一直以来，使用带有颜色的干粉可以使之与检测表面形成鲜明的对比，但是当利用荧光性磁粉，在黑光灯照射下观察检测表面时会发现背景一般为黑色或暗紫色，荧光磁粉的强烈光芒与黑色或暗紫色背景的鲜明对照使得磁痕更为明显，观察也更为轻松。

4. 交流 VS 直流

人们普遍认为利用直流电对样品进行磁化能够检测样品次表面上的不连续性。虽然这是真的，但这只是一般性的理解，磁粉检测技术应当被视为一种在适宜的条件下能够检测出材料表面及较浅次表面不连续性的无损检测技术。至于次表面多深处的不连续性能够被可靠有效的检测出来则取决于很多因素，主要有不连续处的取向、大小、形状、垂直距离以及待检测材料的磁性等。而且，使用直流电，在检测样品与没有妥善维护的磁化设备良好接触的地方就一直存有电弧烧伤的可能性。

■ 六、磁粉检测的优点与局限性

磁粉检测的优点如下：

（1）能直观显示缺陷的形状、位置和大小，并可大致确定其性质；

（2）具有高的灵敏度，可检出的缺陷最小宽度约为 1 μm；

（3）几乎不受试件大小和形状的限制；

（4）检测速度快，工艺简单，费用低廉。

磁粉检测的局限性如下：

（1）只能用于铁磁性材料；

（2）只能发现表面和近表面缺陷，可探测的深度一般为 1 ～ 2 mm；

（3）磁化场的方向应与缺陷的主平面相交，夹角应为 45°～ 90°，有时还需从不同方向进行多向磁化；

（4）不能确定缺陷的埋深和自身高度；

（5）宽而浅的缺陷难以检出；

（6）检测后常需退磁和清洗；

（7）试件表面不得有油脂或其他能黏附磁粉的物质。

■ 七、磁粉检测的发展过程

磁粉检测是利用磁现象来检测工件中缺陷的，它是漏磁检测方法中最常用的一种，磁现象的发现很早，远在春秋战国时候，我国劳动人民就发现了磁石吸铁现象，并发明了指南针，最早应用于航海。17 世纪以来，一大批科学家对磁力、电流周围存在的磁场、电磁感应规律以及铁磁物质等进行了系统研究，这些伟大的科学家在磁学史上树立了光辉的里程碑，也给磁粉检测的创立奠定了基础。

早在 19 世纪，人们就已开始从事磁通检漏试验。1868 年，英国《工程》杂志首先发表了利用罗盘仪探查磁通以发现枪管上不连续性缺陷的报告，8 年之后，Hering 利用罗盘仪检查钢轨不连续性获得美国专利。

磁粉检测的设想是美国的霍克于 1922 年提出的，他在切削钢件的时候，发现铁粉末聚集在工件上的裂纹区域，因此提出可利用磁铁吸引铁屑这一物理现象来进行检测，但是，在 1922—1929 年的 7 年间，他的设想并没有付诸实施，其原因是受到当时磁化技术的限制，以及缺乏合格的磁粉。

1928 年，Forest 为解决油井钻杆断裂问题，研制了周向磁化技术，使用了尺寸和形状受控的并具有磁性的磁粉，获得了可靠的检测结果。Forest 和 Doane 开办的公司，在 1934 年演变为生产磁粉检测设备和材料的 Magnaflux（磁通公司），对磁粉检测的应用和发展起了很大的推动作用，在此期间，用来演示磁粉检测技术的一台试验性的固定式磁粉检测装置问世。

磁粉检测技术起初被用于航空、航海、汽车和铁路部门，用来检测发动机、车轮轴和其他高应力部件的疲劳裂纹。在 20 世纪 30 年代，固定式、移动式磁化设备和便携式磁轭相继研制成功，湿法技术得到应用，退磁问题得到了解决。

1938 年德国发表了《无损检测论文集》，对磁粉检测的基本原理和装置进行了描述，1940 年 2 月美国编写了《磁通检验的原理》教科书，1941 年荧光磁粉投入使用。磁粉检测从理论到实践，已初步形成了一种无损检测方法。

第二次世界大战后，磁粉检测在各方面都得到迅速的发展。而各种不同的磁化方法和专用检测设备不断出现，特别是在航空、航天及钢铁、汽车等行业，不仅用于产品检验，还在预防性的维修工作中得到应用，在 20 世纪 60 年代工业竞争时期，磁粉检测向轻便式系统方面进展，并出现磁场强度测量、磁化指示试块等专用检测器材。由于硅整流器件的进步，磁粉检测设备也得以完善和提高，检测系统也得到开发。随着无损检测工作日益被重视，磁粉检测Ⅰ、Ⅱ、Ⅲ级人员的培训与考核也成为重要工作。高亮度的荧光磁粉和高强度的紫外线灯的问世，极大地改善了磁粉检验的检测条件。2000 年以来，随着数字化技术的发展，磁粉检测技术开始进入半自动/自动化和图像化时代。

值得一提的是，苏联全苏航空研究院的瑞加德罗，毕生致力于磁粉检测的研究和开发工作，做出了很大贡献。20 世纪 50 年代初期，他系统地研究了各种因素对检测灵敏度的影响，在大量试验的基础上，制定了磁化规范，被世界许多国家认可并采用。

1949 年以前，我国仅有几台进口的美国蓄电池式直流检测机，用于航空工件的维修检查。1949 年以后磁粉检测在航空、兵器、汽车等机械工业部门首先得到广泛应用，几十年来，经过全世界磁粉检测工作者和设备器材制造者的共同努力，磁粉检测已经发展成为一种成熟的无损检测方法。

■ 八、思考

（1）观察磁粉检测实训室有哪些磁粉检测设备，能够实现哪些磁粉检测方法。

（2）注意日常生活中所见的设备设施，指出哪些设备、结构或者部件是需要进行磁粉检测的。

任务二　磁悬液的配制及浓度测定

磁粉检测用的磁粉不是普通的铁粉末，而是经过处理的，具有适当大小、形状、颜色和高磁性的氧化铁粉，如 Fe_3O_4 或 Fe_2O_3 铁粉（二维码 3-2-1）。磁悬液是磁粉与载液（水剂或油剂）按一定比例的混合物。磁粉检测中的湿法是用磁悬液进行的，因此学会磁悬液的配制对于磁粉检测来说必不可少，另外磁悬液浓度对于磁粉检测灵敏度影响很大，通过本次任务，可以了解磁悬液的配制及其浓度测定方法。

■ 一、试验目的

（1）用水 / 油配制水基 / 油基磁悬液。
（2）磁悬液浓度测定。

■ 二、试验设备与器材

（1）非荧光磁粉若干、LY 复合荧光磁粉、磁膏。
（2）水、无味煤油。
（3）磁粉沉淀管（梨形管）两只。
（4）工业天平一台。
（5）量筒一只。
（6）圆桶四个。

■ 三、试验原理与步骤（二维码 3-2-2）

二维码 3-2-1　认识磁粉

二维码 3-2-2　磁悬液的配制

1. 试验原理

配制磁悬液时，应根据磁粉的种类、粒度、载液的黏度和工件表面状态以及技术要求等因素综合考虑磁悬液的配方。表 3-2-1 为一般检测时推荐的磁悬液浓度。

表 3-2-1　常用磁悬液浓度

磁粉种类	磁悬液浓度	每 100 mL 沉淀管沉淀量
非荧光磁粉	10 ～ 25 g/L	1.0 ～ 2.5 mL
荧光磁粉	0.5 ～ 3 g/L	0.15 ～ 0.25 mL（最佳）

配制磁悬液时先按要求配制好载液，然后取少量载液与磁粉混合，让磁粉全部湿润后再搅拌成均匀糊状，最后边搅拌边加入剩余载液，经充分混合后即成为合乎要求的磁悬液。为了简化磁粉配制过程，一些厂家将磁悬液制成浓缩液，使用时按比例添加载液。也有将磁粉与添加剂混合做成固体或膏状物，使用时只需按说明书进行配制即可。

2. 非荧光水磁悬液的配制

（1）按磁膏使用说明书要求，挤出规定长度磁膏放入容器。
（2）用量筒取干净自来水 1 000 mL 加入并充分搅拌。

3．水荧光磁悬液的配制

（1）取复合荧光磁粉磁膏 3 ～ 5 g 放入容器。

（2）用量筒取干净自来水 1 000 mL 加入并充分搅拌。

4．油磁悬液的配制

（1）用天平分别称取荧光磁粉 1.5 g，非荧光磁粉 20 g，分别装在两个容器中。

（2）每个容器中加入无味煤油 1 000 mL，并充分搅拌（可先加入少许煤油将磁粉调成糊状，再加入剩余煤油搅拌）。

5．磁悬液浓度的测定

（1）将磁悬液充分搅匀。

（2）注入磁粉沉淀管 100 mL，磁粉沉淀管（梨形管）如图 3-2-1 所示。

（3）静置 30 min。

（4）判读固体磁粉的沉淀量，非荧光磁悬液浓度应在 1.0 ～ 2.5 mL/100 mL 范围；荧光磁悬液应在 0.1 ～ 0.3 mL/100 mL 范围。

图 3-2-1　磁粉沉淀管（梨形管）

6．浓度测定结果记录

将所配制的磁悬液浓度测定结果记录于表 3-2-2 中。

表 3-2-2　配制磁悬液浓度测定结果

磁悬液种类	磁悬液浓度 /［mL·（100 mL）$^{-1}$］			均值	磁粉沉淀高度
	第一次	第二次	第三次		

四、思考

（1）非荧光磁粉与荧光磁粉有什么区别？

（2）为什么要求油剂载液具有低黏度、高闪点、含硫量低、无臭味等特点？

（3）测量磁悬液浓度所使用的仪器是什么，如何进行测量？

（4）为什么油磁悬液和水磁悬液不能混用？

任务三 磁粉检测综合性能测试

磁粉检测的综合灵敏度是指在选定的条件下进行探伤检查时，通过自然缺陷和人工缺陷的磁痕显示情况来评价和确定磁粉检测设备、磁粉以及磁悬液和检测方法的综合性能。通过对交流和直流试块孔的深度磁痕显示，了解和比较使用交流电和整流电磁粉检测的深度。

一、测试目的

（1）掌握使用自然缺陷试件、E 型试块（交流试块）、B 型试块（直流试块）和标准试片测试综合性能的方法。

（2）了解比较使用交流电和整流电时磁粉检测的深度。

二、测试设备与器材

（1）交流磁粉探伤仪一台。

（2）直流（或整流电）磁粉探伤仪一台。

（3）E 型试块、B 型试块各一块。

（4）带有自然缺陷（发纹、磨裂、淬火裂纹及皮下裂纹等）的试块若干，标准试片（A 型）一套。

（5）标准铜棒一根。

（6）荧光磁悬液和非荧光磁悬液各一瓶。

二维码 3-3-1 详细介绍了磁粉探伤中的 8 个系统性能检验工具。

二维码 3-3-1 磁粉探伤系统检验工具

■ 三、测试方法与步骤

1．测试方法

根据使用对象的不同，有直流标准环形试块（B 型）和交流标准（E 型）环形试块两种。两种试块的外形如图 3-3-1 和图 3-3-2 所示。

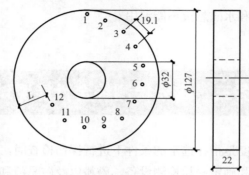

图 3-3-1　直流标准环形试块

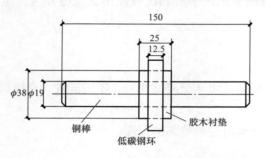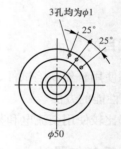

图 3-3-2　交流标准环形试块

磁粉检测灵敏度试片又叫磁粉检测标准试片，它用纯铁薄片单面刻槽制成。根据刻槽的形状和铁片的大小厚薄，有 A 型、C 型、D 型等，人工刻槽的外形一般为圆、十字线、直线等多种。其中以 A 型试片用得最多。图 3-3-3 所示是 A 型试片的外形。

利用试片可以检查检测设备、磁悬液及检测方法的系统综合性能，避免误判或漏检；同时，根据试片上磁痕的显示可了解检测的有效范围，并且在难以用计算方法求得磁化规范时，可用试片求得大体合适的磁化规范。

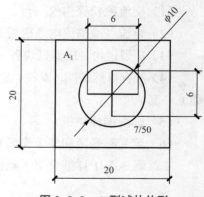

图 3-3-3　A 型试片外形

表 3-3-1 列出了常用 A 型试片的品种规格。其分母表示板厚，分子表示槽的深度，单位都是 μm。试片分类符号用大写英文字母表示，热处理状态由下标的数字表示，经退火处理的为 1 或空缺，未经退火处理的为 2。

表 3-3-1　A 型灵敏度试片的品种规格

试片型号	相对槽深 / 板厚 /μm	灵敏度	试片边长 /mm	材质	备注
A-7/50	7/50	高			
A-15/50	15/50	中			
A-30/50	30/50	低	20×20	试片为 DT4A 超高纯低碳纯铁经轧制而成的薄片	A 型试片又有 A_1、A_2 两种类型
A-15/100	15/100	高			
A-30/100	30/100	中			
A-60/100	60/100	低			

使用试片时，先将合适灵敏度试片防锈油洗净，再将有槽的一面紧贴在工件表面上，并用胶带纸或夹具固定。固定时，应注意不要影响试片背后的刻槽显示。当工件被磁化时，若综合性能符合要求，试片即清晰显示出磁粉的痕迹。其中，垂直于磁场方向刻槽最明显，而平行于磁场方向的刻槽无磁痕显示。

2. 试验步骤（二维码 3-3-2）

（1）将带有自然缺陷的工件按规定的磁化规范磁化，分别用荧光磁悬液和非荧光磁悬液湿连续法检验，观察磁粉显示的情况。

（2）将 E 型标准试块穿在标准铜棒上，夹在探伤机两磁化夹头间，并通以 700 ～ 800 A 交流电流磁化。然后依次将 1、2 和 3 孔旋至向上正中位置。用湿连续法检验，观察试块外表面有磁痕显示的孔数。

（3）将 B 型试块穿在标准铜棒上，夹在两磁化夹头间，分别用直流和交流电连续法磁化，观察在试块圆周上有磁痕显示的孔数。磁化电流可参照表 3-3-2 数据。实际检测效果见链接二维码 3-3-2 资源视频。

二维码 3-3-2　E 型、B 型及 A 型试片的使用操作方法

表 3-3-2　标准试块的试验结果

磁悬液种类	磁化电流 /A	交流电显示的孔数	直流电显示的孔数
非荧光磁粉湿法检验	1 400		
	2 500		
	3 400		
荧光磁粉湿法检验	1 400		
	2 500		
	3 400		

（4）将标准试片（A 型试片）贴在自然试块表面，按磁化规范要求进行磁化，观察和记录试片上的磁粉显示，实际测试过程和效果见链接二维码 3-3-3 资源视频。

（5）每次测试，均分别施加荧光和非荧光磁悬液。

二维码 3-3-3　A 型试片的使用

3．注意事项

（1）使用试块及试片时要注意维护，不要划伤、折叠、撞击、弯曲或撕拉。使用后应涂上防锈油并安全存放，防止锈蚀影响检测效果。

（2）B 型试块主要用于检查直流探伤机的综合性能；E 型试块主要用于检查交流探伤机的综合性能。

（3）磁粉检测所用的试块或试片都是有一定使用范围的，不能任意换用。使用试块或试片前应先了解其使用范围及正确使用的方法，按工艺要求正确使用。人工标准试块上显现的磁痕表现的是检测系统的综合性能，一般不作为定量依据。

（4）人工标准试块和试片只适用于连续法。

4．测试结果记录

（1）记录带有自然缺陷样件的测试结果（手机拍照）。

（2）记录 E 型标准试块的测试结果（手机拍照）。

（3）将直流电和交流电磁化 B 型标准试块的测试结果填入表 3-3-2 中。

（4）按表 3-3-2 中的测试结果，画出交流电和直流电的磁化电流与检测缺陷深度（用显示磁痕的孔数换算出的相对深度）的坐标曲线。

（5）记录标准试片上的磁痕显示（手机拍照）。

■ 四、思考

（1）思考 E 型试块和 B 型试块使用的区别。

（2）自然缺陷试件、E 型试块、B 型试块和标准试片如何使用？

（3）讨论电流种类和大小对自然缺陷探伤灵敏度的影响。

任务四　钢板焊缝磁粉检测（磁轭法）

为了保证焊接件的质量可靠和安全运行，必须加强对焊接件的无损检测。而对于表面缺陷，因磁粉检测灵敏度高、可靠、设备简单，可方便地在现场检测，发现缺陷能够及时排除和修补，能做到防患于未然，因而受到重视。

■ 一、检测目的

（1）了解检测现场灵敏度试片的用途和使用方法。

（2）加深理解交叉磁轭旋转磁场法探伤的基本原理和适用范围。

（3）掌握钢板焊缝磁粉探伤的操作步骤。

■ 二、主要检测设备与器材

（1）CDX-Ⅱ型磁粉探伤仪（或其他便携式磁轭探伤仪）。

（2）A 型灵敏度试片。

（3）磁悬液。

（4）45# 焊接钢板若干块。

■ 三、基本原理

磁轭法是一种间接磁化法，它是将工件的全部或局部置于电磁铁的磁极而进行磁化的一种方法（钢板对接焊缝磁轭法只能进行连续法磁粉检测）。磁轭法探伤设备小型轻便，适合于野外、高空作业，可以大大减轻劳动强度并简化操作程序，因而广泛用于锅炉、船舶、压力容器焊缝的表面或近表面缺陷的磁粉检查。

在我国，磁轭法可采用 A 型磁轭探头（两个磁极），也可采用 E 型磁轭探头（四个触头磁极）形成交叉磁轭旋转磁场。当采用 A 型磁轭探头，两磁轭间距离在 75～200 mm 时，其提升力应大于 45 N，同一部位采用十字交叉（图 3-4-1），磁化两次；当采用 E 型探头交叉磁轭时，交叉磁轭提升力应大于 118 N。探伤时，磁化电流的选择是否正确，通常可以用两种方法加以判断。一种是直接测定工件表面的磁场强度；另一种是采用灵敏度试片来鉴别（任务三中已有具体介绍）。

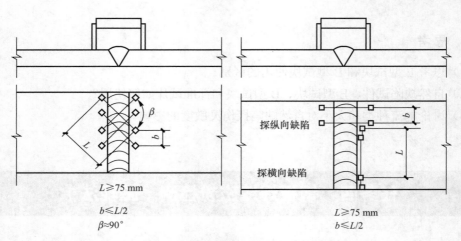

$L \geqslant 75 \text{ mm}$

$b \leqslant L/2$
$\beta \approx 90°$

$L \geqslant 75 \text{ mm}$
$b \leqslant L/2$

图 3-4-1　A 型磁轭探头十字交叉法示意

■ 四、检测步骤

（1）工件表面准备：应清除检测范围内的飞溅、焊疤、氧化皮、油污等，必须清除试件上的油脂及其他附着物。工件表面的不规则状态不得影响检测结果的确定性和完整性。如进行打磨，打磨后表面粗糙度 Ra 不得大于 2.5 μm。必要时（钢板与磁悬液颜色反差不明显时）处理后的试件可均匀喷涂反差增强剂，反差增强剂涂层厚度不得大于 50 μm。

（2）选用 A1-30/100 型标准试块做灵敏度试验能观察到清晰磁痕，代表达到检测灵敏度要求。

（3）磁化：磁场方向应尽量与预计缺陷方向垂直（交叉磁轭旋转磁场法以及 A 型探头交叉磁化两次，均是为了发现各个方向可能存在的缺陷）；使用连续法磁化时必须保证磁粉能在通电的时间内施加完毕，一般磁化时间为 1 ～ 3 s，为保证磁化效果，应反复磁化两次，停施磁悬液至少 1 s 后才可停止磁化。提升力应在检测前后分别测试并做好记录。

（4）施加磁悬液：在连续法探伤时，应在磁化过程中完成磁粉施加。要注意磁化后形成的磁痕不要被流动的分散剂破坏。交叉磁轭磁化行走方向与磁悬液施加位置如图 3-4-2 所示。

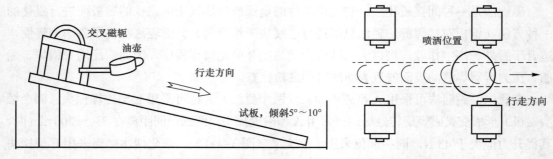

图 3-4-2　交叉磁轭磁化行走方向与磁悬液施加位置

（5）磁痕的观察：磁痕的观察必须在形成磁痕后立即进行；必须在能够清楚识别磁痕的自然光或灯光下进行观察；正确区别可能出现的伪磁痕，必要时需重复检测。

（6）后处理：必要时，在检测完成后应清除检测部位的磁悬液、反差剂。

检测过程及效果可观看二维码 3-4-1 资源视频。

■ 五、检测结果记录

将灵敏度测试结果以及钢板焊缝检测结果分别记录于表 3-4-1 和表 3-4-2 中。

表 3-4-1　灵敏度试片试验记录

A 型试片规格			触点间距	
磁化电流				
磁痕形状				
磁痕清晰度				

表 3-4-2　焊缝磁粉检测结果记录

主体材质		公称厚度 /mm			试件编号	
仪器型号		磁粉种类			表面状况	
磁悬液类型及浓度					标准试片	
磁化时间 /s		磁化方法			喷洒方式	
执行标准		观察条件				
支杆间距（支杆法）/ mm				磁化电流（支杆法）/A		
检测方法				提升力（磁轭法）/N		
缺陷序号	S_1（$S_1{}'$）/mm	S_2（$S_2{}'$）/mm	S_3（$S_3{}'$）/mm	L_1（L_2）/mm	n_1（n_2）/mm	评定级别	备注
示意图：							
结论							
探伤员	×××				日期		

表 3-4-2 的具体填写方式可观看二维码 3-4-2 视频资源。

二维码 3-4-1　磁轭法磁粉检测过程　　　二维码 3-4-2　磁轭法磁粉检测报告填写方式

■ 六、思考

磁轭法荧光与非荧光磁粉检测过程中有哪些区别？

任务五　螺管线圈磁场分布和有效磁化范围的测试

线圈法产生的磁场平行于线圈的轴线，一般认为，线圈法的有效磁化区是从线圈端部向外延伸 150 mm 的范围内，超过 150 mm 之外区域，磁化强度应采用标准试片确定。当被检工件长度太长时，应进行分段磁化，且应有一定的重叠区。重叠区应小于分段检测长度的 10%。检测时，磁化电流应根据标准试片实测结果来确定。本次任务主要就是对线圈磁场分布及磁化范围进行测试。

■ 一、测试目的

（1）了解空载螺管线圈横截面上和中心轴线上的磁场分布规律。

（2）了解螺管线圈的有效磁化范围。

（3）掌握螺管线圈磁场分布和有效磁化范围的测试方法。

■ 二、测试设备与器材

（1）螺管线圈（或缠绕线圈）一个。

（2）特斯拉计一台。

（3）标准试片（A 型或 M1 型）一套。

（4）钢棒（500 mm 以上）一根。

（5）磁悬液一瓶。

■ 三、测试方法

（1）用特斯拉计测量空载短螺管线圈横截面上的磁场分布。设线圈中心为 O 点，分别测量从线圈中心 O 点到线圈内壁，测量 0 mm、20 mm、50 mm、100 mm、150 mm 及内壁的磁场强度。

（2）用特斯拉计测量空载有限长螺管线圈横截面上的磁场分布，测量点同（1）。

（3）用特斯拉计测量空载短螺管线圈中心轴线上的磁场分布。设线圈中心为 O 点，从中心向一侧测量，测量 0 mm、50 mm、100 mm、150 mm、200 mm、250 mm、300 mm、400 mm、500 mm 处的磁场强度。

（4）将长度大于等于 500 mm 的钢棒或工件置于线圈内壁，并与线圈轴线平行，将标准试片贴于钢棒表面上的不同点，磁化并用湿连续法检测，测试工件表面磁场强度能达到 2 400 A/m，且中灵敏度标准试片上磁痕显示清晰的有效磁化范围。

■ 四、测试结果记录

（1）记录磁化螺管线圈横截面上的磁场强度，填写于表 3-5-1 中；同时根据记录的数据画出螺线管横截面上磁场分布的对称曲线。

表 3-5-1　磁化螺线管横截面上的磁场强度

短螺线管	测量点 /mm	中心 O	20	50	100	150	内壁处
	磁场强度 /（A·m^{-1}）						
有限长螺线管	测量点 /mm	中心 O	20	50	100	150	内壁处
	磁场强度 /（A·m^{-1}）						

（2）记录螺管线圈中心轴线上各点的磁场强度，记录于表 3-5-2 中，并画出螺管线圈中心轴线上的磁场分布的对称曲线。

表 3-5-2　螺管线圈中心轴线上各点的磁场强度

测量点 /mm	中心 O	50	100	150	200	250	300	400	500
磁场强度 /（A·m^{-1}）									

（3）记录中灵敏度标准试片磁痕显示清晰的点距线圈中心 O 的距离，及表面磁场强度至少达到 2 400 A/m 处距线圈中心 O 的距离。

■ 五、知识技能拓展

二维码 3-5-1 资源视频采用慢镜头展示了通电线圈周围磁场分布情况（通过磁粉分布来显示）；二维码 3-5-2 资源视频演示了单线圈轴线上的磁场测量过程。

二维码 3-5-1　线圈周围磁场的分布　　　　二维码 3-5-2　单线圈轴线上的磁场测量

（1）短螺线管线圈与有限长螺线管线圈磁场分别有何区别？

（2）有效磁化范围与线圈直径有何关系？

任务六　线圈开路磁化 L/D 值对退磁场影响的试验

当工件在线圈内进行纵向磁化时，在其端面会形成磁极，从而在工件内产生退磁场，并减弱工件内的磁化场，有可能使有效磁场强度小于磁化场。退磁场的大小取决于工件长度与直径的比值（长径比）L/D，所以，在线圈法纵向磁化中，所有的磁化规范都与 L/D 有关。

■ 一、试验目的

（1）了解工件长径比 L/D 对退磁场的影响。

（2）了解测试退磁场影响的试验方法。

（3）掌握克服退磁场影响的方法。

■ 二、试验设备与器材

（1）螺管线圈（或缠绕线圈）一个。

（2）特斯拉计一台。

（3）标准试片（A 型或 M1 型）一套。

（4）带自然缺陷的短工件一件。

（5）直径相同，长度不同，L/D 值分别为 2、5、10 和 15 的钢棒各一根，材料为经淬火的高碳钢或合金结构钢。

（6）磁悬液一瓶。

■ 三、试验方法

（1）给螺管线圈通电，使线圈中心磁场强度达到 20 000 A/m，分别将 L/D 值不同的 4 根钢棒放在线圈内壁，使钢棒方向与线圈轴线方向平行，进行磁化。

1）用特斯拉计测量 4 根钢棒表面磁场强度的差异。

2）用特斯拉计测量 4 根钢棒端头的剩磁大小。

3）将标准试片分别贴在 4 根钢棒中间的表面上，用湿连续法检测，观察磁痕显示的差异。

（2）在 L/D 值不同的 4 根钢棒中间的表面上贴上同型号（如 7/50）的标准试片，分别放在线圈中同一位置磁化，用湿连续法检测，通过调节磁化电流的大小来改变线圈中的磁场强度，当 4 根钢棒表面上标准试片上的磁痕显示程度相同时，记录所用磁化电流大小的差异。

（3）将带自然缺陷的短工件，放在线圈中磁化和检测，若磁痕显示不清晰，可在工件两端用直径接近的铁磁性材料将短工件接长，并用同样的磁化电流和检验方法重新检测，能使磁痕显示更清晰。

四、试验结果

（1）将螺管线圈内磁场强度相同时，4 根钢棒的磁场强度、剩磁和磁痕显示的相关数据记录于表 3-6-1。

表 3-6-1　螺管线圈内磁场强度相关数据

L/D	2	5	10	15
磁场强度 /（A·m^{-1}）				
剩磁 /Mt				
磁痕显示				

（2）在 L/D 为 2、5、10 和 15 的钢棒表面贴 7/50 标准试片，当磁痕显示相同时，所需要的磁化电流分别为：_____A、_____A、_____A 和_____A。

（3）记录带自然缺陷的短工件加与不加延长块磁痕显示的差异（可手机拍照记录）。

五、知识拓展

1．退磁场

材料的磁化状态，不仅依赖于它的磁化率，也依赖于样品的形状。当一个有限大小的样品被外磁场磁化时，在它两端出现的自由磁极将产生一个与磁化强度方向相反的磁场，该磁场被称为退磁场，如图 3-6-1 所示。退磁场 ΔH 的强度与磁体的形状及磁化强度有关，存在关系：

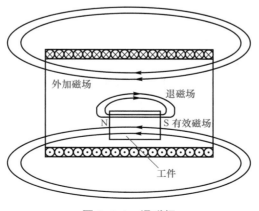

图 3-6-1　退磁场

$$\Delta H = -NM \qquad (3-6-1)$$

式中，ΔH 为退磁场，单位为 A/m；M 为磁化强度，单位为 A/m。

这里 N 称为退磁因子，它仅仅和材料的形状有关。例如，对一个沿长轴磁化的细长样品，N 接近于 0，而对于一个粗而短的样品，N 就很大。对于一般形状的磁体，很难求出 N 的大小。能严格计算其退磁因子的样品形状只有椭球体。

2．有效磁场

铁磁性材料磁化时，只要在工件上产生磁极，就会产生退磁场，它削弱了外加磁场，所以工件上的有效磁场用 H 表示，等于外加磁场 H_0 减去退磁场 ΔH，即退磁场越大，铁磁性材料越不容易磁化，退磁场总是起着阻碍磁化的作用。

3．退磁场大小的影响因素

（1）退磁场大小与外加磁场强度大小有关，外磁场强度越大，工件磁化得越好，产生的 N 极和 S 极磁场越强，因而退磁场也越大。

（2）退磁场大小与工件 L/D 值有关，工件 L/D 值越大，退磁场越小。

（3）退磁因子 N 与工件几何形状有关。N 是 L/D 的函数。闭合环形试样，$N=0$；球体，$N=0.333$；长短轴比为 2 的椭圆，$N=0.14$；圆钢棒，L/D 越小，N 越大。

（4）磁化尺寸相同的钢管和钢棒，钢管比钢棒产生的退磁场小。

（5）磁化同一工件时，交流电比直流电产生的退磁场小。因为交流电有集肤效应，比直流电渗入深度浅。

■ **六、思考**

在实际工作中，对较长或者较短的零件进行线圈法磁粉检测时，可以采取什么措施，以确保检测效果？

任务七　销、轴、管、棒类零件（周向和纵向磁化）磁粉检测

当工件被磁化后随着工件上缺陷与磁力线方向之间夹角的不同，引起的漏磁通也不一样。如果缺陷方向与磁场方向垂直，产生的漏磁通最强，若与磁场方向平行，则几乎无漏磁通产生。因此，磁粉探伤首先必须在被检工件内部及其周围建立一个磁场，使工件磁化。同时，必须正确选择磁化方向，即尽可能选择有利于缺陷检出的方向对工件进行磁化。通常，对于纵向缺陷常采用周向磁化方法进行磁粉检测，而对于横向缺陷则多采用纵向磁化的方法。

■ **一、检测目的**

（1）加深了解磁粉探伤的基本原理。

（2）了解各种工件探伤的磁化方法、检验方法和磁化规范的选择。

（3）掌握磁粉探伤的操作步骤。

■ 二、检测设备与器材

（1）销轴类试件。

（2）荧光磁粉和油配成合适浓度的磁悬液。

（3）A_1-15/100 灵敏度试片。

（4）固定式磁粉检测设备（线圈法、剩磁法、荧光湿法，主要检查横向缺陷）或小型便携式带线圈磁粉检测设备。

（5）低倍放大镜。

（6）荧光灯。

■ 三、检测原理

根据铁磁材料的磁化曲线和磁滞回线可知，缺陷所产生的漏磁场的大小与外加磁场的强度有直接关系。为了使工件上不允许存在的缺陷能得到充分的显示（即在缺陷部位形成被观察的磁痕），需要施加一定强度的外加磁场。对于不同的材料，应采用不同的磁化方法进行检测，为了满足不同的检测要求，需要施加的磁化磁场强度也是不一样的，因此，在实际应用中，就需要根据被检工件的材料热处理状态、形状与几何尺寸、技术要求、磁化方法及检测方法等选择磁化磁场（或推算磁化电流），通常称为磁化规范的制定。

1. 磁场强度的计算

一般对圆柱形零件进行周向磁化，其表面磁场强度的近似值可按下式计算：

$$H=\frac{1}{5R}或 I=\frac{HD}{4} \tag{3-7-1}$$

式中，H 为磁场强度（A/m）；I 为电流强度（A）；R 为零件半径（cm）；D 为零件直径（mm）。

用螺管线圈纵向磁化零件时，线圈中心磁场强度可按下式计算：

$$H=\frac{IN}{\sqrt{L^2+D^2}}或 H=\frac{0.4\pi NI}{L}\cos\alpha \tag{3-7-2}$$

式中，L 为线圈长度（cm）；N 为螺管线圈的匝数；I 为电流强度（A）；α 为线圈轴与其对角线之夹角。

注：具体磁化规范的制定还需根据具体的行业标准（如特种设备、航空、核能船级社等行业标准）予以选择。

2. 磁化电流的选择

（1）周向磁化用连续法检测时，磁化电流约为

$$I=（12 \sim 20）D（峰值）或 I=（8 \sim 15）D（交流有效值） \tag{3-7-3}$$

（2）纵向磁化用于剩磁法检测时，应考虑零件长径比 L/D 的影响，在装有零件的情况下，线圈中心的磁场强度可按表 3-7-1 分别选取。

表 3-7-1　线圈中心磁场强度选取值

零件长度与直径的比值	磁场强度	
$\dfrac{L}{D} > 10$	< 150 Oe	< 120 kA/m
$5 < \dfrac{L}{D} \leqslant 10$	< 200 Oe	< 16 kA/m
$2 < \dfrac{L}{D} \leqslant 5$	< 300 Oe	< 24 kA/m
$\dfrac{L}{D} < 2$	< 450 Oe	< 36 kA/m

注：磁场强度的法定计量单位为安培每米（A/m），奥斯特（Oe）为非法定计量单位，1 Oe=79.577 5 A/m。

磁化电流的计算公式为

$$NI = \frac{45\ 000}{\dfrac{L}{D}} \tag{3-7-4}$$

式中，I 为线圈中电流有效值（A）；N 为线圈匝数；$\dfrac{L}{D}$ 为零件长度与直径的比值（当 $\dfrac{L}{D} > 10$ 时，按 10 计算；$\dfrac{L}{D} < 2$ 时，用接长方法）。

■ 四、检测步骤

（1）预处理：零件表面不应有油脂、锈斑、氧化皮及其他能黏附磁粉的物质。零件应在表面处理前进行磁粉探伤，若必须在表面处理后进行，则覆盖层不应影响检测效果。

（2）将零件置于通电线圈或电磁铁产生的磁场内，使零件表面产生纵向磁化，用以检测零件表面与轴线垂直或接近垂直的缺陷。将零件直接夹紧通以电流，从而产生周向磁力线，用以检测零件表面轴向或接近轴向的缺陷。将零件置于通以直流电的线圈中，同时零件本身再连续通以交流电，用以检查零件表面任意方向的缺陷，如图 3-7-1 所示。

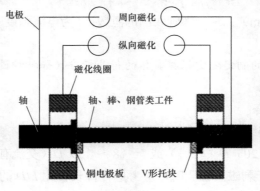

图 3-7-1　螺栓磁化示意

（3）在磁粉探伤机使用剩磁法检测时，用磁探设备夹紧零件，对零件瞬时（不超过0.5 s）通电磁化，断电后浇磁悬液2～3遍，或将零件浸入磁悬液中10～30 s，缓慢取出，静置1～2 min后进行检测。

（4）经磁痕分析确认是缺陷性磁痕后，一般要留样处理。通常可采用拍照的方法来保留裂纹磁痕的形状、大小和方向等。

（5）必须退磁，使剩磁小于0.3 mT，用磁强计测量剩磁大小。

（6）记录检测结果。

五、知识技能拓展

以下视频资源源自：磁粉检测研讨会－德国莱茵 tuv& 斯耐特无损检测培训中心。

二维码3-7-1 至二维码3-7-3 展示了轴类零件磁粉检测通用方法（周向和纵向磁化）及检测效果。

二维码 3-7-1 周向磁化检测

二维码 3-7-2 周向磁化检测结果

二维码 3-7-3 纵向磁化检测

二维码3-7-4 和二维码3-7-5 展示了轴类零件的荧光磁粉检测方法及检测效果。

二维码 3-7-4 荧光磁粉检测

二维码 3-7-5 检测效果

二维码3-7-6 和二维码3-7-7 展示了剩磁法磁粉检测方法及检测效果。

二维码 3-7-6 剩磁法磁粉检测

二维码 3-7-7 检测效果

六、思考

一定的电流通过一导体，如导体的直径增加一倍，则其表面上的磁场强度将会如何变化？

任务八　管、环类零件磁粉检测（穿棒法应用）

空心件用直接通电法不能检测内表面的不连续性，因为内表面的磁场强度为零。但用中心导体法（或者偏心法）能更清晰地发现工件内表面的缺陷，且内表面比外表面具有更大的磁场强度。

■ 一、检测目的

（1）进一步了解穿棒法磁粉检测的基本原理。

（2）了解管、环形工件探伤的磁化方法、检验方法和磁化规范的选择。

（3）掌握穿棒法磁粉检测的操作步骤。

■ 二、检测设备

（1）管、环形试件。

（2）荧光磁粉和油配成合适浓度的磁悬液。

（3）A_1-15/100 灵敏度试片。

（4）固定式磁粉检测设备（中心导体法、连续法、荧光湿法）。

（5）低倍放大镜。

（6）荧光灯。

（7）铜棒。

■ 三、检测原理

对于管、环类试件，常采用中心导体法进行磁化、检测，如图 3-8-1 所示。中心导体法分为同心放置和偏心放置两种。同心放置时，工件和芯棒的轴线重合或接近于重合，这时磁化电流仍按试件的外径根据式（3-8-1）和式（3-8-2）选取。

连续法 $\qquad\qquad I=（12\sim32）D$ $\qquad\qquad$ （3-8-1）

剩磁法 $\qquad\qquad I=（25\sim45）D$ $\qquad\qquad$ （3-8-2）

式中，I 为磁化电流（A）；D 为工件直径（mm）。

偏置芯棒法适用于磁化装置不能提供对试件整体磁化、检查所需的磁化电流值的情况，这时芯棒和试件的布置如图 3-8-2 所示，有较大的偏心距。其磁化电流仍按式（3-8-1）和式（3-8-2）计算，但这时算式中的 D 不能按试件的外径计算，而是以芯棒的直径与工件的两倍壁厚之和代入计算。注意这是一种沿周向分段磁化的方法，每次只能检查贴近芯棒位置的有效磁化区段，其周向长度是芯棒直径的 4 倍，检测时应绕芯棒转动工件，分段检查全部周长，每次应有约 10% 的有效磁场重叠区，以免漏检。

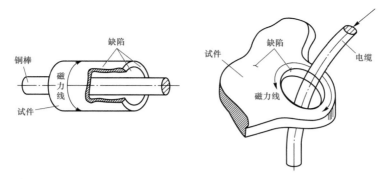

图 3-8-1　中心导体法

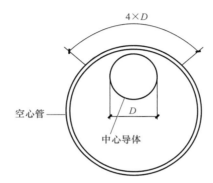

图 3-8-2　偏置中心导体法

■ 四、检测步骤

（1）预处理：零件表面不应有油脂、锈斑、氧化皮及其他能黏附磁粉的物质。零件应在表面处理前进行磁粉探伤，若必须在表面处理后进行，则覆盖层不应影响检测效果。

（2）工件装夹，按要求选择合适铜棒穿入工件，夹紧。

（3）在磁粉探伤机使用连续法检测时，由磁粉探伤机夹头夹紧铜棒，对其瞬时（不超过 0.5 s）通电磁化（磁化电流大小按照中心导体法或者偏置中心导体法磁化规范计算得到），一边磁化一边浇磁悬液 2～3 遍，先停止浇磁悬液，再断电，然后观察分析磁痕显示。

（4）经磁痕分析确认是缺陷性磁痕后，一般要留样处理。通常可采用拍照的方法来保留裂纹磁痕的形状、大小和方向等。

（5）必须退磁，使剩磁小于 0.3 mT，用磁强度计测量剩磁大小。

（6）认真清洗检测后的零件。

（7）记录检测结果。

■ 五、知识拓展

（1）当不具备中心导体法检测条件时，也可考虑采用环形件绕电缆法检测，如图 3-8-3 所示。

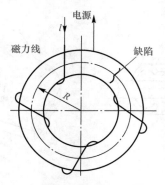

图 3-8-3　环形件绕电缆法

磁化规范可以通过以下公式进行计算：

$$H = \frac{NI}{2\pi R} \text{或} \ H = \frac{NI}{L} \tag{3-8-3}$$

式中，H 为磁场强度（A/m）；N 为线圈匝数；I 为电流（A）；R 为圆环的平均半径（m）；L 为圆环中心线长度（m）。

（2）弹簧检测也可采用直接通电法或中心导体法进行磁粉检测，磁化规范与空心件检测一致，如图 3-8-4 所示。

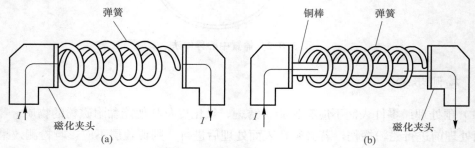

图 3-8-4　圆柱形压缩弹簧的磁化方法

（a）直接通电磁化；（b）中心导体磁化

■ 六、知识技能拓展

以下视频资源来自：磁粉检测研讨会－德国莱茵 tuv& 斯耐特无损检测培训中心。
二维码 3-8-1 和二维码 3-8-2 展示了穿棒法磁粉检测的过程及检测效果。

二维码 3-8-1　穿棒法磁粉检测

二维码 3-8-2　穿棒法磁粉检测效果

任务九　退磁及剩磁测量试验

铁磁性材料在磁化力的作用下较易磁化，一旦磁化，即使除去外加的磁场，某些磁畴仍然保持新的取向而不恢复原来的随机取向，于是该材料就保留了剩磁。剩磁的大小与材料的磁特性、磁化方向和工件的几何形状等因素有关。退磁的目的就是将工件内部的剩磁减少到不影响使用的程度。它是通过使材料中的磁畴产生无规则的取向来完成的。

一、试验目的

（1）了解各种退磁技术的操作和应用范围。

（2）熟悉各种剩磁测量仪器的使用方法。

（3）了解工件允许剩磁大小的标准。

二、试验设备与器材

（1）交直流磁粉探伤机。

（2）便携式磁粉探伤机。

（3）退磁机。

（4）磁强度计。

（5）试件若干。

三、试验原理

工件中的剩磁在外加交变磁场作用下，其方向也在不断地改变。当外加交变磁场逐渐减少至零时，工件中的剩磁也逐渐衰减趋近于零。成分不同的钢材料的退磁效果不一样，可以依靠磁场测量仪器测量出工件中的剩磁，以确定退磁效果。不同用途的工件所要求的剩磁标准不同。

四、试验方法与步骤

1. 周向磁化剩磁的退磁

（1）周向磁场退磁法。其是指在工件中通以不断减少至零的交流电，或通以不断改变方向且逐渐减少至零的直流电的方法。退磁时的初始化电流应大于该工件的磁化电流。

（2）纵向磁场退磁法。其是指在工件中纵向施加一个强大的磁场，然后逐渐改变该磁场方向并逐渐减少至零，用来退掉纵向剩磁的方法。开始施加的磁场一般不小于20 000 A/m。

（3）测量剩磁的方法。工件周向退磁后，将剩磁测量仪器的测头靠近工件刻槽，并沿着刻槽移动，这样可以测量周向剩磁的大小。

2．纵向磁化剩磁的退磁

（1）工件穿过线圈法。将工件从通以交流电的线圈一侧移近并通过线圈到另一侧，至离开线圈 1.5 m 即可达到退磁目的。工件在移动时应平稳，其轴线和线圈轴线一致，同时要求线圈中心磁场强度不小于 20 000 A/m。

（2）纵向磁场衰减法。工件置于线圈中心，其轴线与线圈轴线重合。若线圈通以交流电，则使交流电逐渐减少并降为零；若线圈通以直流电，则在不断改变方向的同时逐渐使电流减少并降为零，这样便可达到退磁的目的。在退磁开始时，线圈中心磁场强度应大于工件充磁强度，一般要求不低于 20 000 A/m。

（3）工件翻动退磁法。利用直流磁化线圈进行纵向退磁，可将工件从线圈穿过并水平移出，同时，每移动 50 mm 工件头尾相调一次，直至工件离开线圈 1.5 m 以外。此种退磁法也要求线圈的退磁场强度不小于工件充磁时磁场强度。

（4）测量剩磁的方法。工件纵向退磁后，将剩磁测量仪器的测头靠近工件两端，不断移动或翻动测头，找出仪器最大的剩磁指示值。

3．工件磁化区域的局部分段退磁

利用便携式磁粉探伤机检测需要退磁的被磁化部位，可将磁粉探伤机垂直于工件表面慢慢提起脱离工件，至工件表面 1 m 以外停止供电，便可达到局部退磁的效果。此办法可用于大型工件磁化区域的部分退磁，也适合小型工件单件纵向退磁。

■ 五、试验数据分析与处理

将相关试验数据记录于表 3-9-1。

表 3-9-1　试验数据

退磁方法	周向剩磁退磁		纵向剩磁退磁			局部退磁
	周向磁场退磁法	纵向磁场退磁法	工件穿过线圈法	纵向磁场衰减法	工件翻动退磁法	马蹄形交流电磁轭退磁法
剩磁						

■ 六、知识技能拓展

二维码 3-9-1 文本资源讲述了磁粉检测后退磁的必要性；二维码 3-9-2 文本资源介绍了工件退磁后剩磁测量的相关仪器。

二维码 3-9-1　磁粉检测后退磁的必要性　　　　二维码 3-9-2　工件退磁后剩磁的测量仪器

一、被检对象及检测条件

如图 3-10-1 所示为在制液氯储罐。基本情况如下：设计压力为 1.6 MPa；材质为 Q345R；工件规格为 $\phi1\,800$ mm×3 000 mm×16 mm；人孔接管规格为 $\phi540$ mm×12 mm；焊后要求整体热处理、水压试验和气密试验。

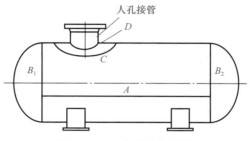

图 3-10-1　在制液氯储罐

要求按《承压设备无损检测 第 4 部分：磁粉检测》（NB/T 47013.4—2015）标准，对焊接接头 A、B_1 和 B_2 进行磁粉检测，验收级别 I 级，编制磁粉检测操作指导书。各种检测设备、器材齐全。

二、问题分析

1. 检测方法

产品制造在车间内，光线较好，湿磁粉的附着力比干磁粉好，非荧光可以满足压力容器焊缝磁粉检测的灵敏度要求，材料为软磁材料，所以选用非荧光湿法连续法。

2. 检测工艺参数

（1）磁化方法选择：用触头法、磁轭法及交叉磁轭法都可对焊接接头 A、B_1 和 B_2 进行有效的检测，但交叉磁轭法能以此检出各个方向的缺陷，检测效率高，故交叉磁轭法为最佳选择；

（2）标准试片选择：根据《承压设备无损检测 第 4 部分：磁粉检测》（NB/T 47013.4—2015）标准第 4.7.1.2 条的要求选择；

（3）提升力要求：根据《承压设备无损检测 第 4 部分：磁粉检测》（NB/T 47013.4—2015）标准第 4.5.2 条的要求确定；

（4）表面光照度要求：根据《承压设备无损检测 第 4 部分：磁粉检测》（NB/T 47013.4—2015）标准第 6.2.2 条确定；

（5）磁悬液浓度要求：根据《承压设备无损检测 第 4 部分：磁粉检测》（NB/T 47013.4—2015）标准第 4.6.3 条表 1 确定。

三、编制操作指导书

焊缝磁粉检测操作指导书见表 3-10-1。

表 3-10-1　磁粉检测操作指导书

产品名称	液氯储罐	工件规格	ϕ1 800 mm×3 000 mm×16 mm	材料编号	Q345R
检测部位	A、B_1、B_2	表面状况	焊态或打磨表面	检测设备	CYE-3A 磁粉检测仪
检测方法	非荧光湿式交流连续法	被检面光照度	光照度 ≥ 1 000 lx	标准试片	A_1-30/100
磁粉及载液	黑磁粉＋水	磁悬液浓度	10 ～ 25 g/L	磁粉施加方法	喷、浇磁悬液均可
磁化方法	交叉磁轭法	提升力	≥ 118 N	退磁	无须退磁
检测标准	《承压设备无损检测 第4部分：磁粉检测》（NB/T 47013.4—2015）	验收等级	I 级	工艺规程	××××

检测示意图：

序号	工序名称	操作要求及注意事项
1	预处理	清除被检区及其相邻 25 mm 范围内的锈蚀、飞溅、焊渣、油脂及其他黏附磁粉的物质；必要时应做适当的处理，处理后的被检工件表面粗糙度 $Ra \leq 25~\mu m$
2	检测设备	验证被检面的光照度不低于 1 000 lx；确保被检面能被磁悬液湿润，用灵敏度试片验证系统灵敏度满足要求，验证时宜在移动的状态下进行
3	磁化	四个磁极端面与检测面之间应保持良好贴合，其最大间隙不应超过 0.5 mm。连续拖动检测时，检测速度应尽量均匀，一般不应大于 4 m/min

	4	施加磁悬液及观察	磁悬液的施加应覆盖工件的有效磁化范围，并始终保持处于湿润状态，以利于缺陷磁痕的形成，磁痕的观察应在磁化状态下进行，以避免已形成的缺陷磁痕遭到破坏
	5	记录	采用照相、贴印或临摹草图等方法，记录缺陷性质、形状、尺寸及部位
	6	复验	（1）用 A_1-30/100 标准试片再次验证检测系统灵敏度，如不符合要求，需进行复验。 （2）当移动速度、磁极间隙等工艺参数的变化有可能影响到检测灵敏度时，应进行复验
检测程序	7	评定	下列磁痕显示不允许存在： （1）任何裂纹； （2）$L>1.5$ mm 的线性缺陷磁痕； （3）单个圆形缺陷磁痕 $d>2$ mm； （4）在 35 mm×100 mm 的评定区内，$d \le 2.0$ 的圆形缺陷超过 1 个
	8	退磁	可不退磁
	9	后处理	清除残余磁粉或磁悬液
	10	报告	按工艺规程的要求出具检测报告并签发
编制	×××（MT-Ⅱ） ××××年××月××日	审核	×××（MT-Ⅲ） ××××年××月××日

■ 四、知识技能拓展

二维码 3-10-1 视频资源展示了压力容器的制造过程，可以帮助大家更好地实施无损检测。

二维码 3-10-1　压力容器的制造过程

任务十一　轴类零件磁粉检测操作指导书审核修订

■ 一、被检对象及检测条件

一挖掘机减速箱蜗杆轴，结构及几何尺寸如图 3-11-1 所示，材料牌号为 45Cr，热处理状态为轴表面调质处理（840 ℃油淬，580 ℃回火），蜗杆表面为淬火处理（840 ℃油淬）。工件为机加工表面，该工件经磁粉检测后需精加工。要求检测该工件外表面各方向缺陷（不包括端面）。请按照《承压设备无损检测　第 4 部分：磁粉检测》（NB/T 47013.4—2015），审核、修订并优化磁粉检测操作指导书（采用高等级灵敏度检测，验收级别为Ⅰ级；若采用线圈磁化，工件考虑正中放置）。

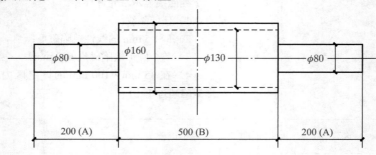

图 3-11-1　减速箱蜗杆轴

制造单位现有如下检测设备与器材：

（1）CEW-10000 固定式磁粉检测机、TC-6000 固定式磁粉检测机、CYD-3000 移动式磁粉检测机、CEW-2000 固定式磁粉检测机、CEW-1000 固定式磁粉检测机，以上检测机均配置 ϕ200 mm×250 mm 的刚性开闭线圈，5 匝；

（2）GD-3 型毫特斯拉计；

（3）ST-80（C）型照度计；

（4）UV-A 型紫外辐射照度计；

（5）黑光灯；

（6）YC2 型荧光磁粉、黑磁粉、BW-1 型黑磁膏、水、煤油、LPW-3 号油基载液；

（7）A_1、C、D 型试片；

（8）磁悬液浓度测定管；

（9）2 ～ 10 倍放大镜。

二、对审核修订、优化磁粉检测操作指导书的要求

（1）如认为操作指导书中所填写内容错误、不恰当或不完整，则划去错误或不恰当的内容，在修改栏中填写正确、完整的内容；如认为操作指导书中所填写的内容正确、完整，则不做任何修改。

（2）根据所给出的被检工件情况由编者自行选择最佳磁化方法及磁化规范，并按上述条件选择所需的磁粉检测设备与器材。

（3）磁化方法应通过示意图表达清楚。

（4）在操作指导书"编制""审核"栏中填写其要求的无损检测人员资格等级和日期。

三、操作指导书审核修订

需要审核修订的操作指导书见表 3-11-1。

表 3-11-1　减速箱蜗杆轴磁粉检测操作指导书审核修订过程

产品名称	减速箱蜗杆轴	工件规格	ϕ160 mm×500 mm ϕ80 mm×200 mm	材料编号	45Cr
检查部位	蜗杆轴外表面	表面状况	机加工	检测设备	~~CEW-200~~
					CYD-3000、CEW-6000 或 CEW-10000
检测方法	~~非荧光湿式直流剩磁法~~	紫外光照度或工件表面光照度	~~光照度≥500 lx~~	标准试块	~~A₁-30/100~~
	荧光湿式交流连续法 非荧光湿式交流连续法		荧光：被检表面黑光辐照度≥1 000 μW/cm²，且光照度≤20 lx 非荧光：光照度≥1 000 lx		①齿 C-8/50、D-7/50、A1-7/50； ②轴面 A₁-7/50
磁化方式	~~线圈法~~	磁粉、载液及磁悬液沉淀浓度	~~黑磁粉＋水 10～20 g/l~~	磁悬液施加方法	~~浸~~
	①轴向通电法（I_1）； ②加线圈法（I_2）		YC2 型荧光磁粉＋LPW-3 号油基载液 0.1～0.4 mL/100 mL；黑磁粉（BW-1 型黑磁膏）＋水 1.2～2.4 mL/100 mL		喷、浇磁悬液均可

产品名称	减速箱蜗杆轴	工件规格	ϕ160 mm×500 mm ϕ80 mm×200 mm	材料编号	45Cr
磁化顺序	**先线圈法磁化 后轴向通电法**	周向磁化规范	~~1 000 A~~	纵向磁化规范	~~I_2=288 A~~
			（1）I_{1A}=（640～1 200）A； （2）I_{1B}=（1 280～2 400）A； （3）最终以标准试片确定		正中放置： （1）I_{2A}=（671±10%）A； （2）I_{2B}=（918±10%）A； （3）最终以标准试片确定
	先轴向通电法后线圈法磁化				
检测方法标准	《承压设备无损检测 第4部分：磁粉检测》（NB/T 47013.4—2015）	质量验收等级	Ⅰ级	退磁	**无须退磁** 交流退磁法退磁、GD-3毫特斯拉计测定剩磁应不大于0.3 mT

不允许缺陷	（1）任何裂纹和白点； （2）任何横向缺陷显示； ~~（3）任何大于 4 mm 的线性或非线性缺陷磁痕~~ （1）任何线性缺陷磁痕； （2）单个圆形缺陷 d > 2.0 mm； （3）在 2 500 mm² （其中一个矩形边的最大长度为 150 mm）面积内，$d \leqslant 2.0$ mm 的圆形缺陷大于 1 个

示意草图：（画出磁化示意图） 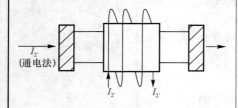	附加说明（写出线圈法磁化时工件 L/D 值、充填因数及磁化规范计算公式）： ① Y_A =（100/40）×2=6.25（中充填）， Y_B=（100/80）×2=1.562 5（高充填）； ② $(L/D)_A$=900/80=11.25， $(L/D)_B$=900/160=5.625； ③ I_{1AB}=（8～15）D； ④ NI_{2A}=［$(NI)_h$（10−Y）+$(NI)_l$×（Y−2）］/8； ⑤ NI_{2B}=35 000/［$(L/D)_B$+2］

编制	××× MT-Ⅱ	2000 年 10 月 12 日	审核	××× MT-Ⅲ	2000 年 12 月 13 日

注：本表为一个操作指导书审核修订过程（意思是专家对原指导书进行审核修订），加黑加粗加横线的部分表示有错误的地方专家加横线标识错误，下面一栏为正确方法。

■ 四、知识技能拓展

二维码 3-11-1 视频资源展示了减速箱涡轮蜗杆轴构造，可以帮助大家更好地实施无损检测。

二维码 3-11-1　减速箱涡轮蜗杆轴构造

任务十二　锻件磁粉检测操作指导书编制

■ 一、检测对象与检测条件

压力容器筒形锻件的结构及几何尺寸如图 3-12-1 所示。材料牌号为 2.25Cr1Mo，外径 ϕ800 mm，壁厚 46 mm，长度为 1 000 mm，要求检测筒形锻件外表面缺陷（不包括端面）。请按照下面给定的磁粉检测设备和器材，按照《承压设备无损检测 第 4 部分：磁粉检测》（NB/T 47013.4—2015），采用中等灵敏度检测，验收级别为Ⅱ级，编制磁粉检测操作指导书。

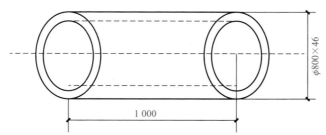

图 3-12-1　压力容器筒形锻件

制造单位现有如下检测设备与器材：

（1）CYE-3 型交叉磁轭磁粉检测仪；

（2）黑磁粉、水；

（3）A_1 试片；

（4）ST-80（C）型照度计；

（5）磁悬液浓度测定管；

（6）2～10 倍放大镜。

■ 二、对编制磁粉检测操作指导书的要求

（1）根据所给出的被检工件情况由编者自行选择最佳磁化方法及磁化规范，并按上述条件选择所需的磁粉检测设备与器材。

（2）磁化方法应通过示意图表达清楚。

（3）在操作指导书"编制""审核"栏中填写其要求的无损检测人员资格等级和日期。

■ 三、操作指导书编制

对桶形锻件的磁粉检测操作指导书编制见表 3-12-1。

表 3-12-1　磁粉检测操作指导书

产品名称	压力容器筒形锻件	材料牌号	2.25Cr1Mo	检测部位	外表面（不包括端面）
检测时机	最终热处理后	检测设备	CYE-3 交叉磁轭	检测方法	非荧光湿式交流连续法
工件表面光照度	≥ 1 000 lx	标准试片	A_1-30/100	磁化方法	交叉磁轭法
磁粉，载液及磁悬液配制浓度	黑磁粉 + 水 10 ～ 25 g/L	磁化规范	（1）提升力 ≥ 118（0.5 mm 间隙）；（2）A_1 试片确定	预处理	清除外表面油脂和其他黏附磁粉物质
磁轭行走速度	≤ 4 m/min	磁化重叠区	10%	磁悬液施加方法	喷洒
缺陷磁痕观察时机	在磁化状态下进行	缺陷磁痕记录方式	照相、录像、草图标示或可剥性塑料薄膜	后处理	清除被检工件表面多余的磁粉和磁悬液
不允许缺陷	（1）任何裂纹和白点。 （2）长度大于 4.0 mm 的线性缺陷磁痕。 （3）圆形缺陷 $d > 4.0$ mm。 （4）在 2 500 mm²（其中一个矩形边的最大长度为 150 mm）面积内，$d ≤ 4.0$ mm 的圆形缺陷大于 2 个				
示意图	示意草图：（画出磁化示意图） $\phi800 \times 46$　1 000				
编制	××× MT-Ⅱ	年　月　日	审核	××× MT-Ⅲ	年　月　日

渗透检测技术应用

【学习目标】

【知识目标】

（1）理解渗透检测的基本原理、分类方法及其优缺点；

（2）掌握渗透检测的基本步骤和方法要领；

（3）掌握渗透检测操作指导书的内容要求。

【技能目标】

（1）能够依据渗透检测技术标准，对液体表面张力、渗透液含水量及容水量进行测定；

（2）能够依据渗透检测技术标准，对焊缝、铸件、钢锻件等零部件进行渗透检测，并对发现的缺陷进行评定和报告签发；

（3）能够根据被检对象特点及技术要求，编制简单的渗透检测操作指导书。

【素质目标】

（1）能够严格按照技术规范执行渗透检测操作；

（2）认真进行显像观察，无漏检、零误判，对产品检测结果高度负责；

（3）爱护环境，不随意倾倒废弃的渗透清洗液、渗透试剂瓶等检测残留物。

 岗课赛证

（1）对应岗位：无损检测员－渗透检测技术岗；

（2）对应赛事及技能："匠心杯"装备维修职业技能大赛渗透检测技能；

（3）对应证书：轨道交通装备1+X无损检测职业技能等级证书（渗透）、特种设备无损检测员职业技能证书（渗透）、中国机械学会无损检测人员资格证书（渗透）、航空修理无损检测人员资格证书（渗透）等。

■ 一、渗透检测的定义和作用

渗透检测是一种以毛细作用原理为基础的检查表面开口缺陷的无损检测方法。这种方法是五种常规无损检测方法（射线检测、超声波检测、磁粉检测、渗透检测、涡流检测）中的一种，是一门综合性科学技术。

同其他无损检测方法一样，渗透检测也是以不损坏被检测对象的使用性能为前提的，它以物理、化学、材料科学及工程学理论为基础，对各种工程材料、零部件和产品进行有效的检验，借以评价它们的完整性、连续性及安全可靠性。渗透检测是产品制造中实现质量控制、节约原材料、改进工艺、提高劳动生产率的重要手段，也是设备维护中不可或缺的手段。

着色渗透检测在特种设备行业及机械行业里应用广泛。特种设备行业包括锅炉、压力容器、压力管道等承压设备，以及电梯、起重机械、客运索道、大型游乐设施等机电设备。荧光渗透检测在航空、航天、兵器、舰艇、原子能等国防工业领域中应用特别广泛。

■ 二、渗透检测基本原理（二维码 4-1-1）

渗透检测基于液体的毛细作用（或毛细现象）和固体染料在一定条件下的发光现象。渗透检测的工作原理是：工件表面被施涂含有荧光染料或着色染料的渗透剂后，在毛细作用下，经过一定时间，渗透剂可以渗入表面开口缺陷中；去除工件表面多余的渗透剂，经干燥后，再在工件表面施涂吸附介质——显像剂；同样在毛细作用下，显像剂将吸引缺陷中的渗透剂，即渗透剂回渗到显像剂中；在一定的光源下（黑光或白光），缺陷处的渗透剂痕迹被显示（黄绿色荧光或鲜艳红色），从而探测出缺陷的形貌及分布状态。其检测过程如图 4-1-1 所示。

二维码 4-1-1　渗透检测基本原理（水洗型）

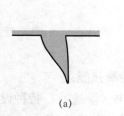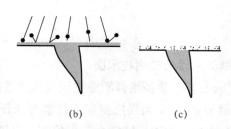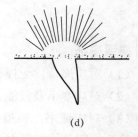

图 4-1-1　渗透检测基本过程

（a）渗透；（b）（去除）清洗；（c）显像；（d）观察

■ 三、渗透检测方法的分类

1. 根据渗透剂所含染料成分分类

根据渗透剂所含染料成分,渗透检测分为荧光渗透检测法、着色渗透检测法和荧光着色渗透检测法,简称为荧光法、着色法和荧光着色法三大类。渗透剂内含有荧光物质,缺陷图像在紫外线下能激发荧光的为荧光法。渗透剂内含有有色染料,缺陷图像在白光或日光下显色的为着色法。荧光着色法兼备荧光和着色两种方法的特点,缺陷图像在白光或日光下能显色,在紫外线下又能激发出荧光。

2. 根据渗透剂去除方法分类

根据渗透剂去除方法,渗透检测分为水洗型、后乳化型和溶剂去除型三大类。水洗型渗透法是渗透剂内含有一定量的乳化剂,工件表面多余的渗透剂可直接用水洗掉。有的渗透剂虽不含乳化剂,但溶剂是水,即水基渗透剂,工件表面多余的渗透剂也可直接用水洗掉,它也属于水洗型渗透法。后乳化型渗透法的渗透剂不能直接用水从工件表面洗掉,必须增加一道乳化工序,即工件表面上多余的渗透剂要用乳化剂"乳化"后方能用水洗掉。溶剂去除型渗透法是用有机溶剂去除工件表面多余的渗透剂。

3. 根据显像剂类型分类

根据显像剂类型,渗透检测分为干式显像法和湿式显像法两大类。干式显像法是以白色微细粉末作为显像剂,施涂在清洗并干燥后的工件表面上。湿式显像法是将显像粉末悬浮于水中(水悬浮显像剂)或溶剂中(溶剂悬浮显像剂),也可将显像粉末溶解于水中(水溶性显像剂)。此外,还有塑料薄膜显像法,也有不使用显像剂,实现自显像的。

各种方法的具体分类见表 4-1-1。

表 4-1-1 渗透检测方法分类

渗透剂		渗透剂的去除		显像剂	
分类	名称	方法	名称	分类	名称
I	荧光渗透检测	A	水洗型渗透检测	a	干粉显像剂
II	着色渗透检测	B	亲油型后乳化渗透检测	b	水溶解显像剂
III	荧光着色渗透检测	C	溶剂去除型渗透检测	c	水悬浮显像剂
		D	亲水型后乳化渗透检测	d	溶剂悬浮显像剂
				e	自显像
注:渗透检测方法代号示例:II Cd 为溶剂去除型着色渗透检测(溶剂悬浮显像剂)。					

■ 四、渗透检测操作的基本步骤

渗透检测一般应在冷热加工之后、表面处理之前以及工件制成之后进行。其基本检测步骤流程图如图 4-1-2 所示。

后乳化型渗透检测分为亲油型后乳化渗透检测和亲水型后乳化渗透检测两种。亲油型后乳化渗透检测的基本步骤如图 4-1-2 所示;亲水型后乳化渗透检测的基本步骤要在"乳化"环节前增加预水洗环节。下面借助无损检测设备网的一段渗透检测操作视频具体展示一下溶剂去除型渗透检测的基本步骤和方法（二维码 4-1-2）。

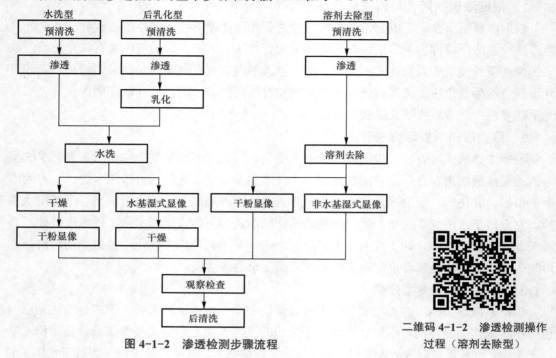

图 4-1-2　渗透检测步骤流程

二维码 4-1-2　渗透检测操作
过程（溶剂去除型）

■ 五、渗透检测的优点和局限性

1. 渗透检测的优点

渗透检测可以检测金属（钢、耐热合金、铝合金、镁合金、铜合金）和非金属（陶瓷塑料）工件的表面开口缺陷，如裂纹、疏松、气孔、夹渣、冷隔、折叠和氧化斑疤等。这些表面开口缺陷，特别是细微的表面开口缺陷，一般情况下，直接目视检查是难以发现的。二维码 4-1-3 展示了一些渗透检测的实际效果。

二维码 4-1-3　渗透检测实际效果

渗透检测不受被检工件化学成分限制，可以检测磁性材料，也可以检测非磁性材料；可以检测黑色金属，也可以检测有色金属，还可以检测非金属。

渗透检测不受被检工件结构限制，可以检测焊接件或铸件，也可以检测压延件和锻件，还可以检测机械加工件。

渗透检测不受缺陷形状（线性缺陷或体积型缺陷）、尺寸和方向的限制。只需一次渗透检测，即可同时检测开口于表面的所有缺陷。

2．渗透检测的局限性

渗透检测无法或难以检测多孔的材料，如粉末冶金工件；也不适用于检查因外来因素造成开口被堵塞的缺陷，如工件经喷丸处理或喷砂，可能堵塞表面缺陷的"开口"，如图4-1-3所示。难以定量地控制检测操作质量，多凭检测人员的经验、认真程度和视力的敏锐程度来控制。

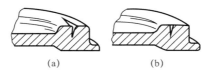

图 4-1-3　喷砂前后缺陷开口变化示意

（a）喷砂前；（b）喷砂后

■ 六、渗透检测的发展起源

目前，尚未确切地查明渗透检测起源于何时。这种技术可能在19世纪初已开始被一些金属加工者使用，他们注意到淬火液或清洗液从肉眼看不清的裂纹中渗出。另外，人们也曾利用铁锈检查裂纹，如果钢板表面有裂纹，水渗入了裂纹，会形成铁锈，裂纹上的铁锈比其他地方要多。因此，根据铁锈的位置，可以确定钢板上裂纹的位置。

19世纪末期，铁道车轴、车轮、车钩的"油－白法"检查，被公认为是渗透检测方法最早的应用。这种方法是将重滑油稀释在煤油中，得到一种混合体作为渗透剂；把工件浸入渗透剂中，一定时间后，用浸有煤油的布将工件表面擦净，再涂上一种白粉加酒精的悬浮液，待酒精自然挥发后，如果工件表面有开口缺陷，则在工件表面均匀的白色背景上出现显示缺陷的深黑色痕迹。

1930年以前，渗透检测发展较慢。1930年以后一直到第二次世界大战期间，航空工业的发展，非铁磁性材料（铝合金、镁合金、钛合金）的大量使用，促进了渗透检测的发展。

从20世纪30年代到40年代初期，美国工程技术人员斯威策（R.C. Switzer）等对渗透剂进行了大量的试验研究。他们把着色染料加到渗透剂中，增加了裂纹显示的颜色对比度；把荧光染料加到渗透剂中，用显像粉显像，并且在暗室里使用黑光灯观察缺陷显示，显著地提高了渗透检测灵敏度，使渗透检测进入新阶段。

随着现代科学技术的发展，高灵敏度及超高灵敏度的渗透剂相继问世；渗透材料逐渐形成系列，试验方法及手段趋于完善，已经实现标准化及商品化；在提高产品检验可靠性、检验速度及降低成本方面，也取得了新成果。渗透检测已经成为检查表面缺陷的三种主要无损检测方法（磁粉检测、渗透检测、涡流检测）之一。

■ 七、思考

水洗型、后乳化型及溶剂去除型渗透法各有几个基本操作程序？

任务二　液体表面张力的测定（毛细管法）

固体表面与液体接触时，原来的固相－气相界面消失，形成新的固相－液相界面，这种现象称为润湿。润湿能力就是液体在固体表面铺展的能力，是表面张力的表现，也是渗透检测的前提条件。

■ 一、测试目的

（1）通过测试了解液体的毛细现象。

（2）了解润湿与不润湿现象。

■ 二、测试设备与器材

（1）毛细管（直径为 0.1 mm 或 0.2 mm）。

（2）渗透试剂。

（3）尺子。

（4）纱布。

（5）放大镜。

■ 三、测试原理

液体在固体表面能铺展，接触面有扩大的趋势，就是润湿。润湿就是液体对固体表面的附着力大于其内聚力的表现。液体在固体表面不能铺展，接触面有收缩成球形的趋势，就是不润湿。不润湿就是液体对固体表面的附着力小于其内聚力的表现。

毛细现象是指润湿液体在毛细管中上升且液面呈凹面和不润湿液体在毛细管中下降且液面呈凸面的现象。

内径小于 1 mm 的细管称为毛细管。如果把玻璃毛细管插入盛有水的容器中，玻璃管内的水位会出现比外部升高的现象，并且管中的液面呈凹面。这是因为水对玻璃来说是润湿的，水沿着玻璃管的内壁铺展开，对管内的液体产生拉力，故水会沿着管内壁自然上升。管子内径越小，管内的水位上升越高。如果把玻璃毛细管插入到盛有液态汞的容器中，则出现相反现象，其原因是液态汞对玻璃来说是不润湿的。

■ 四、测试步骤

（1）如图 4-2-1 所示，将干净的毛细管浸入液体内部（如果液体间的分子力小于液体与管壁间的附着力，则液体表面呈凹形）。

（2）用尺子量出毛细管内液面高度 h（此时表面张力产生的附加力为向上的拉力，并使毛细管内的液面上升，直到液柱

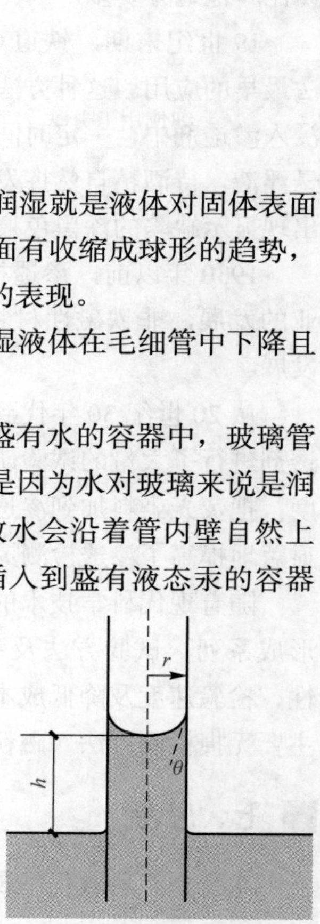

图 4-2-1　毛细上升法

的重力与表面张力相平衡）。

（3）根据式（4-2-1）、式（4-2-2）计算液面张力：

$$2\pi r T \cos\theta = \pi r^2 (\rho_1 - \rho_g) gh \qquad (4-2-1)$$

$$T = \frac{(\rho_1 - \rho_g) ghr}{2\cos\theta} \qquad (4-2-2)$$

式中，T 为液体的表面张力（N/m）；r 为毛细管的内径；θ 为接触角；ρ_1 和 ρ_g 为液体和气体的密度（kg/m³）；h 为液柱的高度；g 为当地的重力加速度（m/s²）。在实际应用中一般用透明的玻璃管，如果玻璃被液体完全润湿，可以近似地认为 $\theta = 0$。

（4）如果液体密度未知，则需要使用液体密度相对天平测定液体的相对密度（教学过程中可用渗透液检测报告给定的密度值）。

注：毛细上升法是测定表面张力最准确的一种方法，国际上也一直用此方法测得的数据作为标准。应用此方法时，要注意选择管径均匀、透明干净的毛细管，并对毛细管直径进行仔细的标定；毛细管要经过仔细彻底的清洗，毛细管浸入液体时要与液面垂直。

■ 五、结果记录

将测试结果记录于表 4-2-1，并与液体（渗透液）给定值进行比较。

表 4-2-1　液体表面张力毛细管法测试结果

方法	表面张力值	比较结论（合格 / 不合格）
毛细作用上升法		

■ 六、知识拓展

最大气泡压力法测液体表面张力。如图 4-2-2 所示，向插入液体的毛细管轻轻地吹入惰性气体（如 N_2 等）。如果选用的毛细管半径很小，在管口形成的气泡基本上是球形的。并且当气泡为半球时，球的半径最小，等于毛细管半径 r；在其前后曲率半径都比 r 大。当气泡为半球时，泡内的压力最大，管内外最大压差可由差压计测量得到。

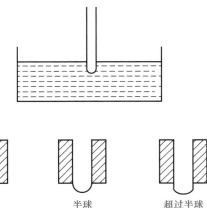

未到半球　　　　　　半球　　　　　　超过半球

图 4-2-2　最大气泡压力法测液体表面张力

由于毛细管口位于液面下一定位置，气泡内外最大压差应该等于差压计的读数减去毛细管端面液位静压值。当气泡进一步长大，气泡内的压力逐渐减小直到气泡逸出。利用最大压差和毛细管半径即可计算表面张力：

$$\sigma = \frac{r\Delta P}{2}$$

(4-2-3)

注：此方法与接触角无关，装置简单，测定快速；经过适当的设计可以用于熔融金属和熔盐的表面张力测量。气泡的生成速度以每秒一个为宜，如果选用管径较大，气泡不能近似为球形，则必须进行修正，可以用标准液体对仪器常数进行标定。

二维码 4-2-1 资源详细介绍了液体的表面张力。

二维码 4-2-1　液体表面张力

■ 七、思考

导致毛细管法测定液体表面张力出现误差的因素有哪些？

任务三　渗透试剂性能参数对比测试

渗透剂的性能包含物理性能、化学性能以及特殊性能——稳定性。实际工作中用到的渗透剂，应该渗透力强，容易渗入工件的表面缺陷；清洗性好，容易从工件表面清洗掉；润湿显像剂的性能好，容易从缺陷中被显像剂吸附到工件表面，而将缺陷显示出来；无腐蚀，对工件和设备无腐蚀性；稳定性好，在日光（或黑光）与热作用下，材料成分和荧光亮度或色泽能维持较长时间；毒性小。荧光渗透剂还应具有鲜明的荧光，着色渗透剂应具有鲜艳的色泽。此外，检测钛合金与奥氏体钢材料时，要求渗透剂低氯、低氟；检测镍合金材料时，要求渗透剂低硫；检测与氧、液氧接触的工件时，要求渗透剂与氧不发生反应，呈现化学惰性。

■ 一、测试目的

掌握不同渗透试剂性能的比较方法，或比较标准试剂与使用试剂的性能（渗透性能、去除性能、显像性能）。

■ 二、测试设备与器材

（1）白炽灯。

（2）标准渗透试剂。

（3）使用渗透试剂。

（4）铝合金淬火试块（A 型）。

（5）纱布。

（6）放大镜。

■ 三、测试步骤

（1）用去除剂预清洗试块，并随后干燥。

（2）将标准的溶剂去除型着色渗透剂刷涂于 A 型试块的半面上，将使用中的溶剂去除型着色渗透剂刷涂于 A 型试块的另半面上。

（3）使用标准处理方法，按图 4-3-1 进行处理。

1）用渗透剂对已处理干净的试块表面均匀喷涂，渗透时间不少于 10 min。

2）用纱布将表面多余渗透剂初擦一遍；再将清洗剂喷在纱布上，将工件表面的渗透剂清洗干净，使得被检表面清洁（一个方向擦拭，不能往复擦拭）。清除多余的渗透剂时，应防止过清洗或清洗不足（保证工件表面没有渗透剂即可）。

3）用干净的纱布擦干或在室温下自然干燥。

4）将显像剂充分摇匀后，对被检工件表面（已经清洗干净、干燥后的工件）保持距离 150 ～ 300 mm 均匀喷涂，喷洒角度为 30°～ 40°，显像时间不小于 7 min。

5）观察显示迹痕，应从施加显像剂后开始，直至迹痕的大小不发生变化为止，约 7 ～ 15 min，观察显像应在显像剂施加后 7 ～ 60 min 内进行。观察显示迹痕，必须在充足的自然光或白光下进行。观察显示迹痕，可用肉眼或 5 ～ 10 倍放大镜。

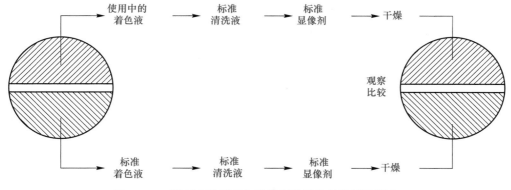

图 4-3-1 溶剂去除型着色渗透剂性能比较的试验程序

（4）观察比较标准着色渗透剂与使用中的着色渗透剂缺陷显示状态，从而确定使用中的着色渗透剂可否继续使用，以及两种渗透剂的灵敏度差异（可以用手机拍照记录测试结果）。

（5）检测结束后，对比试块使用后要进行彻底清洗，清除方法可用刷洗、水洗、布或纸擦除等方法，再放入装有丙酮和无水酒精的混合液（混合比为 1∶1）的密闭容器中保存，或用其他等效方法保存。

注：（1）两种不同牌号的渗透检测剂其性能比较试验也可参照上述试验方法。可将不同牌号的两种着色渗透剂分别刷涂于试块的两个半面上，然后分别使用各自的去除剂及显像剂，按各自的标准方法处理，最后观察比较。

（2）研究分析渗透、乳化、去除及显像操作工序是否得当，也可参照上述试验方法。例如进行旨在研究分析乳化去除操作工序是否合适的试验时，首先要在相同的条件下，将渗透剂刷涂在 A 型试块的两个半面上，然后，在完全相同的条件下进行乳化去除以外的各项操作。即只是在乳化去除操作工序时，改变 A 型试块的两个半面上的乳化去除时间、水压、水温等试验条件，最后观察比较。

（3）也可使用黄铜板镀镍铬裂纹试块（C 型试块）进行上述试验。

■ 四、知识拓展

1. 渗透剂的物理性能

（1）表面张力与接触角。表面张力用表面张力系数表示。接触角则表征渗透剂对工件表面或缺陷的润湿能力。表面张力与接触角是确定渗透剂是否具有高的渗透能力的两个最主要的参数。渗透剂的渗透能力用渗透剂在毛细管中上升的高度来衡量。

（2）黏度。渗透剂的黏度与液体的流动性有关。它是流体的一种液体特性，是流体分子间存在摩擦力而互相牵制的表现；黏度高的渗透剂由于渗进表面开口缺陷所需时间较长，从被检表面上滴落时间也较长，故被拖带走的渗透剂损耗较大。后乳化型渗透剂由于拖带多而严重污染乳化剂，使乳化剂使用寿命缩短。低黏度的渗透剂则完全相反。特别要指出的是，去除受检表面多余的低黏度渗透剂时，浅而宽的缺陷中的渗透剂容易被清洗掉，而直接降低灵敏度。因此，渗透剂黏度太高或太低都不好，渗透剂的黏度一般控制在 $(4 \sim 10) \times 10^{-6} \ m^2/s$（38 ℃）较为适宜。

（3）密度。从液体在毛细管中上升高度的公式（4-2-2）来看，液体的密度越小，上升高度值越大，渗透能力越强。液体的密度一般与温度成反比，温度越高密度值越小，渗透能力也随之增强。水洗型渗透剂被水污染后，由于乳化剂的作用，使水分散在渗透剂中，渗透剂的密度值增大，渗透能力下降。

（4）挥发性。挥发性可用液体的沸点或液体的蒸气压来表征。易挥发的渗透剂在滴落过程中易干在工件表面上，给水洗带来困难；易干在缺陷中，不能回渗至工件表面而难以形成缺陷显示。易挥发的渗透剂，着火的危险性大，毒性材料还存在安全问题。综上所述，渗透剂不易挥发较好。但是，渗透剂必须有一定的挥发性。一般在不易挥发的渗透剂中加进一定量的挥发性液体。这样，渗透剂在工件表面滴落时，挥发成分挥发掉，染料浓度得以提高，有利于缺陷检出，提高了检测灵敏度。

（5）闪点和燃点。可燃性液体在温度上升过程中，液面上方挥发出大量可燃性蒸气。这些可燃性蒸气和空气混合，接触火焰时，会出现爆炸闪光现象。刚刚出现闪光现象时，液体的最低温度称为闪点。燃点是指液体加热到能被接触的火焰点燃并能继续燃烧时的液体的最低温度。对同一液体而言，燃点高于闪点。闪点低，燃点也低，着火危险性也大。液体的可燃性，一般指的就是该液体的闪点。

水洗型渗透剂，闭口闪点应大于50 ℃；后乳化型渗透剂，闭口闪点应为60 ℃～70 ℃。

（6）电导性。手工静电喷涂渗透剂时，喷枪提供负电荷给渗透剂，试验件保持零电位，故要求渗透剂具有高电阻，避免产生逆弧传给操作者。

2．渗透剂的化学性能

（1）化学惰性。渗透剂对被检材料和盛装容器应尽可能是惰性的或无腐蚀性的。油基渗透剂在大部分情况下是符合这一要求的。水洗型渗透剂中乳化剂可能是微碱性的，渗透剂被水污染后，水与乳化剂结合而形成微碱性溶液并保留在渗透剂中。这时，渗透剂将腐蚀铝或镁合金的工件，还可能与盛装容器上的涂料或其他保护层起反应。

渗透剂中硫、钠等元素的存在，在高温下会对镍基合金的工件产生热腐蚀（也叫热脆）；渗透剂中的卤族元素如氟、氯等很容易与钛合金及奥氏体钢材料作用，在应力存在情况下产生应力腐蚀裂纹。在氧气管道及氧气罐、液体燃料火箭或其他盛液氧装置的应用场合，渗透剂与氧及液氧应不起反应，油基的或类似的渗透剂不能满足这一要求，需要使用与液氧相容的渗透剂。用来检测橡胶塑料等工件的渗透剂，也应不与其起反应。

（2）清洗性。渗透剂的清洗性是十分重要的，如果清洗困难，工件上则会造成不良背景，影响检测效果。水洗型渗透剂（自乳化）与后乳化型渗透剂应在规定的水洗温度、压力、时间等条件下，直接用粗水柱冲洗干净，不残留明显的荧光背景或着色底色。溶剂去除型渗透剂须采用有机溶剂去除工件表面多余的渗透剂，要求渗透剂能被去除溶剂溶解。

（3）含水量和容水量。渗透剂中的水含量与渗透剂总量之比的百分数称含水量。渗透剂中含水量超过某一极限时，渗透剂出现分离、混浊、凝胶或灵敏度下降等现象，这一极限值称为渗透剂的容水量。

渗透剂含水量越小越好。渗透剂容水量指标越高，抗水污染性能越好。

（4）毒性。渗透剂应是无毒的，与其接触，不得引起皮肤炎症；渗透剂挥发出来的气体，其气味不得引起操作者恶心。任何有毒的材料及有异臭的材料都不得用来配制渗透剂。即使这些要求都能达到，还需要通过实际观察来对渗透剂的毒性进行评定。为保证无毒，制造厂不仅应对配制渗透剂的各种材料进行毒性试验，还应对配制的渗透剂进行毒性试验。当然，操作者应避免与渗透剂接触时间过长，避免吸入渗透剂挥发出的气体。

（5）溶解性。渗透剂是将染料溶解到溶剂中配制成的，溶剂对染料的溶解能力高，就可得到染料浓度高的渗透剂，可提高渗透剂的发光强度，提高检测灵敏度。

渗透剂中的各种溶剂都应该是染料的良好溶剂，在高温或低温条件下，它们应能使染料溶解在其中并保持在渗透剂中，在贮存或运输中不发生分离。因为一旦发生分离，要使其重新结合是相当困难的。

（6）腐蚀性能。应当注意，水的污染不仅可能使渗透剂产生凝胶、分离、云状物或凝聚等现象，而且可与水洗型渗透剂中的乳化剂结合而形成微碱性溶液。这种微碱性渗透剂对铝、镁合金工件会产生腐蚀。

3．渗透剂的特殊性能——稳定性

渗透剂的稳定性是指渗透剂对光和温度的耐受能力。

含水量是指油基渗透液中含水的体积占渗透液总体积的百分比。含水量主要是对水洗型渗透液而言的，它是指水洗型渗透液在实际使用过程中，渗透液中的水含量。在使用水洗型渗透液时，渗透液的污染源主要是水。渗透液的含水量太大，会使其性能变差，灵敏度降低。因此，要求对水洗型渗透液进行含水量的检查，证明该渗透液还可以使用。对渗透液的含水量有一定的要求，新购置的水洗型渗透液，其含水量应控制在 2% 以下；使用中的水洗型渗透液，其含水量一般控制在 5% 以下。水洗型渗透液中水的含量达到刚刚使渗透液产生浑浊或者凝固时的极限值称为容水量。

■ 一、测试目的

对渗透剂含水量和容水量进行测定，检查其性能是否符合标准要求。

■ 二、试验设备

（1）水分测定器（含冷凝器、集水管、烧瓶），如图 4-4-1 所示。
（2）渗透试剂。
（3）酒精灯。
（4）滴定管。
（5）量筒。

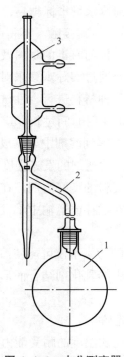

图 4-4-1　水分测定器

1—圆底烧瓶；2—接受器；3—冷凝管

三、测试方法

1. 含水量测定（蒸馏法）

在 500 mL 烧瓶中，放样品渗透剂 100 mL 和无水溶剂 100 mL，酒精灯加热，观察集水管中水量。

$$含水量 = [管中水的含量 / 渗透剂（100 mL）] \times 100\%$$

2. 容水量测定

在 100 mL 量筒中，放 50 mL 渗透剂，以 0.5 mL 的增量逐次往渗透剂中加水，并摇动。当渗透剂出现浑浊、凝胶、分层等现象时，记下加水总量。

$$容水量 = [加入水的体积 / （渗透剂体积 + 水的体积）] \times 100\%$$

3. 测试结果记录

将测试结果记录于表 4-4-1 中。

表 4-4-1 含水量与容水量测定结果

项目	结果	是否合格
含水量		
容水量		

任务五　渗透液可去除性测试

渗透剂的清洗性是十分重要的，如果清洗困难，工件上则会造成不良背景，影响检测效果。水洗型渗透剂（自乳化）与后乳化型渗透剂应在规定的水洗温度、压力、时间等条件下，直接用粗水柱冲洗干净，不残留明显的荧光背景或着色底色。溶剂去除型渗透剂须采用有机溶剂去除工件表面多余的渗透剂，要求渗透剂能被去除溶剂溶解。

一、测试目的

比较不同去除方式下渗透剂的去除效果。

二、测试设备与器材

（1）吹砂钢试块。

（2）渗透剂。

（3）去除剂（水、溶剂去除剂、乳化剂）。

（4）无纺布。

■ 三、测试方法

（1）试片涂或浸渗透剂，时间 15 min。

（2）分别用三种方式去除渗透剂。

1）用 0.4 MPa 的水 45°角冲洗，时间 30 s；热风干燥，用白光或紫外光检查是否有余色或余光。

2）用后乳化剂去除，进行乳化工序，选择指定的乳化时间，乳化后再水洗；乳化时间建议按生产厂使用说明书选取，但对每一种类工件具体的应用，都应通过试验确定出应采用的乳化时间。

3）用溶剂去除，将溶剂喷在无纺布上，顺着一个方向擦拭。

（3）观察不同的去除方式下渗透剂的去除效果。

（4）测试结果记录。

将测试结果记录于表 4-5-1 中（按标准操作，后乳化剂的去除效果应该最好，溶剂去除其次，最差是水洗的效果）。

表 4-5-1　去除结果

项目	后乳化剂去除	溶剂去除	水洗	结论
结果				

任务六　焊缝着色渗透检测

焊接技术在机械、石油、化工、冶金、铁道、造船等领域已普遍采用，承压设备结构也主要采用焊接方法连接。焊缝中常见缺陷有气孔、夹渣、未焊透、未熔合和裂纹等，这些缺陷露出表面时可采用渗透检测方法进行无损检测。

■ 一、检测目的

（1）掌握焊缝着色检测方法。

（2）能够正确签发检测报告。

■ 二、检测设备与器材

（1）焊缝试件。

（2）不锈钢镀铬试块（B 型试块）。

（3）白光光源。

（4）溶剂清洗性着色渗透液及同族组的清洗剂和显像剂。

（5）钢丝刷、砂纸、锉刀等打磨工具。

（6）丙酮、酒精或专用清洗剂等。

（7）无纺纱布等。

■ 三、检测步骤

（1）清理焊缝试板。使用铁刷、锉刀、砂纸、扁铲等工具，清理焊缝试板的焊缝与热影响区，以去除表面飞溅物、焊渣、铁锈等杂物。

（2）预清洗。使用丙酮或清洗剂干擦焊缝及 B 型试块表面，以去除油污及锈蚀物。然后，将被检表面充分干燥。

（3）渗透处理。将渗透液刷涂或喷涂于受检表面。当环境温度为 5 ℃～50 ℃时，渗透时间通常在 10～15 min 或按探伤剂说明书进行。

（4）清洗处理。渗透达到规定的渗透时间后，先用干净的纱布擦去受检表面的多余渗透液，再用醮有清洗剂的纱布擦洗，最后用干净的纱布擦净。

（5）显像处理。将显像剂刷涂或喷涂于受检表面，显像剂层应薄而均匀，厚度以 0.05～0.07 mm 为宜，喷涂时，喷嘴距离受检表面不要太近，一般以 300～400 mm 为宜。显像时间以 15～30 min 为宜。

（6）检查。显像时间结束后，即可在白光下进行检查。先检查 B 型试块表面，观察辐射状裂纹显示是否符合要求。如果显示符合要求，即可说明整个渗透系统及操作符合要求；此时，方可检查焊缝试件表面，观察是否有红色痕迹（渗透液为红色），必要时，用 5～10 倍放大镜观察。

（7）结果判断。

1）根据显示迹痕的大小和色泽浓淡来判断缺陷的大小和严重程度。

2）缺陷显示迹痕的长度与宽度之比不小于 3 的称为线状缺陷迹痕，长条缺陷将显示出线状迹痕。

3）缺陷显示迹痕的长度与宽度之比小于 3 的称为圆状缺陷迹痕。如气孔等近似圆形的缺陷，将显示出圆状迹痕。

4）缺陷显示迹痕，根据需要分别用照相、示意图或可剥性显像剂等进行记录。

5）在被检表面缺陷显示迹痕的部位做标记。

注：对于返修件，需对修补部位进行探伤时，要扩大探伤范围。探伤结束，应将被检表面上的显像剂清除干净。

（8）记录。记录受检试件及编号；受检部位；探伤剂（含着色液、清洗液及显像剂）名称牌号；操作主要工艺参数（含渗透时间、清洗时间、显像时间等）；缺陷类别、数量、大小、检验日期等，具体内容见表 4-6-1 焊缝渗透检测报告。

二维码 4-6-1 和二维码 4-6-2 分别展示了灵敏度试块及焊缝渗透检测的操作过程。

二维码 4-6-1　渗透检测灵敏度试块　　　　二维码 4-6-2　焊缝渗透检测的操作过程

■ 四、签发检测报告

根据检测结果签发检测报告，见表 4-6-1。

表 4-6-1　焊缝渗透检测报告

主体材质			公称厚度			试件编号	
渗透剂			去除剂			显像剂	
表面处理					标准试片		
渗透时间			去除方法			显像时间	
执行标准				渗透剂施加方法			
显像剂施加方法				温度 /℃			
缺陷序号	S_1/mm	S_2/mm	S_3/mm	L_1/mm	n_1	评定级别	备注
示意图：							
结论							
探伤员						日期	

二维码 4-6-3 详细介绍了渗透检测报告单的填写过程。

二维码 4-6-3　渗透检测报告单

118

任务七　铸钢件的渗透检测

对于形状复杂的受力铸件，除进行射线检测外，常采用渗透检测法检查表面缺陷。不锈钢（1Cr18Ni9Ti）等非磁性金属铸件的表面缺陷的检查，也常采用渗透检测法。

对于铸件，表面较粗糙，渗透检测清洗困难，应采用水洗型渗透检测法。为确保一定的检测灵敏度，采用水洗型荧光检测法更好。对于重要铸件，如涡轮叶片等，常使用精密铸造法制造。这类铸件可使用高灵敏度的后乳化型荧光渗透液进行检测。

■ 一、检测目的

掌握铸钢件渗透检测方法，即后乳化型荧光渗透检测方法。

■ 二、检测设备和器材

（1）荧光灯。
（2）铝合金对比试块。
（3）铸钢试件。
（4）后乳化型荧光渗透液及同族组的乳化剂及快干式显像剂。
（5）清洗剂。

■ 三、检测步骤

（1）前处理。用清洗剂干擦铸钢件及铝合金对比试块表面，以去除油脂及污物等附着物，并随后干燥。

（2）渗透处理。将渗透液刷涂或喷涂于受检表面。在 16 ℃～52 ℃范围内渗透时间通常以 5～25 min 为宜。在进行乳化或清洗处理前，铸件表面所覆盖的残余渗透剂尽可能滴干。

（3）乳化处理。乳化处理前先用水予以清洗，然后将乳化剂施加于铸钢体及铝合金对比试块表面，乳化必须均匀。用水基乳化剂的乳化时间在 5 min 之内，用油基乳化剂的乳化时间在 2 min 之内。二维码 4-7-1 视频资源详细介绍了渗透检测过程中的乳化机理。

二维码 4-7-1　渗透检测过程中的乳化机理

（4）清洗处理。用水进行清洗，水温为 40 ℃～50 ℃。若采用喷嘴清洗，水压应不大于 340 Pa。

（5）干燥处理。铸钢件及试块表面的干燥温度应控制在 52 ℃以下。

（6）显像处理。将显像剂刷涂或喷涂于受检表面，然后进行自然干燥或用室温空气吹干。在 16 ℃～ 52 ℃范围内一般显像时间为 7 ～ 15 min。

（7）观察。显像时间结束后，即可在黑光下进行观察，先检查铝合金对比试块表面裂纹显示是否符合要求。如果显示符合要求，即可说明整个渗透系统及操作符合要求。此时，方可检查铸钢件表面。以上观察前要有 5 min 以上时间使眼睛适应暗室环境。

（8）记录。将下列项目记录下来：受检试件及编号；受检部位；检测剂（含渗透剂、乳化剂及显像剂）名称牌号；操作主要工艺参数（含渗透时间、乳化时间、显像时间等）、缺陷类别、数量、大小、检验日期。

注：本方法及步骤的依据是《铸钢铸铁件 渗透检测》（GB/T 9443—2019）标准，仅适用于后乳化荧光渗透液 – 快干式显像剂荧光渗透检测系统。其他渗透检测系统略有不同。可详见《铸钢铸铁件 渗透检测》（GB/T 9443—2019）标准。

■ 四、签发检测报告

（1）根据标准对铸钢件做出质量评定。

（2）根据检测记录签发检测报告。

任务八　锻件渗透检测

锻件产生于铸锭，它是可锻金属经过锻造加工得到的。锻件晶粒很细，且有方向性。与铸件相比，锻件受载更高，缺陷更紧密细小；因此渗透探伤时，要求使用较高灵敏度的后乳化型荧光液，渗透时间也较长；特别是发动机零件，要求使用超高灵敏度的后乳化型荧光液。

加工可锻金属的方法，除锻造外，还有挤压、热轧、冷轧、爆炸成形等。可锻金属经过这样变形加工后，内部的和表面的缺陷，其形态都将发生变化。如夹杂、气孔等一类体积型缺陷将变得平展、细长，可能形成发纹；铸钢坯的中心小孔，可能形成夹层；表面的折皱可能形成折叠或裂纹等。因此，对于这些可锻金属件的表面缺陷的检查，常采用渗透检测法。

■ 一、检测目的

掌握锻件渗透检测方法。

■ 二、检测设备和器材

（1）荧光灯。

（2）干燥箱。

（3）锻造试件。

（4）后乳化荧光渗透液及同族组的乳化剂及干式显像剂。

（5）清洗剂。

三、检测步骤

（1）前处理。用清洗剂干擦锻件被检表面，以去除油脂及污物等附着物，若零件表面氧化皮较多，则应用抛光、铁刷、喷砂或超声清洗等机械方法清理，也可以用酸洗或碱洗等化学方法清理。高强度钢酸洗时，要注意防止氢脆现象。

（2）干燥处理。清理干净的锻件放入干燥箱内干燥，干燥温度在 80 ℃ 左右。烘干后，让其冷却到 30 ℃ 左右，以得到较适宜的渗透温度。

（3）渗透处理。将渗透液刷涂或喷涂于干燥后的被检工件表面，渗透温度一般为 14 ℃～ 15 ℃。渗透时间一般为 15～30 min，当锻件体积小，数量多时，可放入金属网篮中一起浸入后乳化型荧光液，这样渗透完毕后从荧光液中取出较为方便。渗透液应均匀，且在被检锻件表面均有覆盖。

（4）乳化处理。渗透达到规定时间后，将锻件表面剩余荧光液去除，然后将乳化剂施加于锻件被检表面。乳化必须均匀，乳化时间在 5 min 之内。

（5）清洗处理。乳化后的锻件用 30 ℃～ 40 ℃ 的温水冲洗，当锻件表面清洗干净后，再用纱布擦去锻件表面上的水分。

（6）干燥处理。用压缩空气将锻件表面吹干，也可放在干燥箱内烘干。

（7）显像处理。将干粉显像剂喷涂在被检工件表面，显像时间一般为 20 min 左右。

（8）观察。显像时间结束后，可将锻件送入暗室，在紫外线灯下观察检验。

（9）记录。将下列项目记录下来：受检试件及编号；受检部位；检测剂（含渗透剂、乳化剂及显像剂）名称牌号；操作主要工艺参数（含渗透时间、乳化时间、显像时间等）；缺陷类别、数量、大小、检验日期。

注：本方法及步骤主要参照《无损检测 渗透检测方法》（JB/T 9218—2015）标准，仅适用于后乳化荧光渗透液干式显像剂荧光渗透检测系统。其他渗透检测系统略有不同，也可参照《无损检测 渗透检测方法》（JB/T 9218—2015）标准。

二维码 4-8-1 视频资源展示了批量自动化锻件的荧光渗透检测过程。

二维码 4-8-1　批量自动化锻件的荧光渗透检测过程

四、签发检测报告

（1）根据有关技术要求对锻件做出质量评定。

（2）根据检测结果签发检测报告。

■ 五、知识拓展

二维码 4-8-2 详细介绍了荧光渗透检测必备工具——黑光灯的相关知识（也是荧光磁粉检测的必备工具）。

二维码 4-8-2　荧光渗透检测必备工具——黑光灯的相关知识

任务九　涡轮机叶片渗透检测操作指导书编制

■ 一、检测对象与要求

某在用涡轮机叶片一批，尺寸示意图如图 4-9-1 所示。其材质为高温奥氏体不锈钢（牌号为 Cr19Mn12Si2N），制造工艺为精密铸造，表面光滑。现按《承压设备无损检测》（NB/T 47013.1 ～ 5—2015）进行 100% 渗透检测，检测灵敏度等级为 C 级，质量验收等级要求为 Ⅰ 级合格。

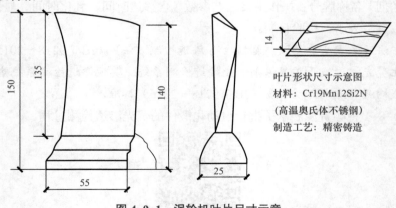

图 4-9-1　涡轮机叶片尺寸示意

■ 二、涡轮机叶片渗透检测操作指导书编制

针对该检测对象编写操作指导书见表 4-9-1。

表 4-9-1　渗透检测操作指导书（工艺卡）

工件名称	叶片	规格	150×55×25	类别	机加工零件	工序安排	外观检查合格后
表面状况	铸造状态	材料牌号	Cr19Mn12Si2N	检测部位	所有表面	检测比例	100%
检测方法	ⅠD-a	检测温度	10 ℃～50 ℃	标准试块	B 型	检测方法标准	《承压设备无损检测 第5部分：渗透检测》（NB/T 47013.5—2015）
观察方法	黑光灯下	渗透剂型号	985P12 或同族组	乳化剂型号	9PR12 或同族组	清洗剂型号	水
显像剂型号	9D4A 或同族组	渗透时间	10～12 min	干燥时间	5～10 min	显像时间	≥ 10 min
乳化时间	按使用说明书或试验选取	照明设备	黑光灯	黑光辐照度	≥ 1 000 μW/cm²	可见光照度	≤ 20 lx
渗透剂施加方法	浸涂	乳化剂施加方法	浸涂	去除方法	喷洗	显像剂施加方法	喷粉箱
水洗温度	20 ℃～30 ℃	水压	0.2～0.3 MPa	验收标准	《承压设备无损检测 第5部分：渗透检测》（NB/T 47013.5—2015）	合格级别	Ⅰ级
示意草图	叶片形状尺寸示意图 材料：Ci19Mn12Si2N （高温奥氏体不锈钢） 制造工艺：精密铸造						

序号	工序名称	操作要求	注意事项
1	灵敏度校验	B 型，3 区，d：1.6～2.4 mm	每周，或必要时前、中或后
2	预清洗	酸洗	如能保证效果，也可用其他方法

3	渗透	浸涂，可以喷、刷、浇，一般不少于10 min	保持润湿和受检面完全覆盖
4	滴落	工件倾斜尽量滴净	注意回收
5	预水洗	水喷法，20 ℃～30 ℃、0.2～0.3 MPa 水	采用亲水型乳化液时选择预水洗
6	乳化	浸涂法均匀涂遍整个表面。时间＜5 min，或按使用说明书要求	不允许刷涂
7	水洗	水喷法，20 ℃～30 ℃、0.2～0.3 MPa 水	水压＜0.34 MPa，温度10 ℃～40 ℃；黑光灯下翻转喷洗，检查效果
8	干燥	箱内热空气干燥，干燥时间＜5～10 min	工件表面温度不大于50 ℃
9	显像	喷粉箱施加，均匀喷洒在整个被检表面	多余显像剂轻敲、轻吹去除，时间≥10 min
10	检验	可见光照度≤20 lx；辐照度≥1 000 μW/cm²，在显像10～60 min 内观察	适应 3 min 以上，采用照度计、黑光辐照计测量
11	后处理	清洗掉工件表面的残留物，压缩空气吹净	也可以采用其他方法去除有害残留物
12	复检	灵敏度验证不符合；方法有误或技术条件改变；争议或认为有必要时；对检测结果有怀疑时	彻底清洗被检面
13	等级评定与验收	按《承压设备无损检测 第5部分：渗透检测》（NB/T 47013.5—2015）评定、报告	Ⅰ级合格

编制	×××（PT-Ⅱ）	审核	×××（PT-Ⅲ）	批准	×××	
日期	×××	日期	×××	日期	×××	

■ 三、知识技能拓展

二维码 4-9-1 介绍了渗透检测过程中常见的操作错误。

二维码 4-9-1　渗透检测过程中常见的操作错误

任务十　临时焊点去除部位渗透检测操作指导书编制

■ 一、检测对象及要求

某在制容器，编号 15S001，材质为奥氏体不锈钢 S30403，规格 ϕ1 500 mm×1 200 mm× 12 mm，部件组装时使用临时工装去除临时焊点，修磨至与相邻母材平齐，表面打磨光滑，面积范围为 120 mm×60 mm（图 4-10-1），当日气温 20 ℃～28 ℃，有罐装式 DPT-5 渗透检测套剂，A、B 型标准试块各一块及各种辅助材料及照明设备，现要对部位按《承压设备无损检测》（NB/T 47013.1～5—2015）进行 100% 渗透检测，检测灵敏度等级为 B 级，质量验收等级要求Ⅰ级合格。请针对该检测对象填写渗透检测操作指导书（工艺卡）。

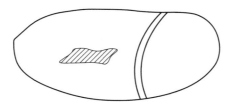

图 4-10-1　筒节上临时焊点修磨部位示意图

■ 二、问题分析

1. 检测方式选择

按《承压设备无损检测 第 5 部分：渗透检测》（NB/T 47013.5—2015）第 4.5.3.6 条规定，宜选用溶剂去除着色法（溶剂悬浮湿式显像剂）。

2. 检测参数确定

（1）表面准备：局部检测，按《承压设备无损检测 第 5 部分：渗透检测》（NB/T 47013.5—2015）第 6.1.1 条规定，准备工作范围应从检测部位四周向外扩展 25 mm。

（2）渗透剂施加方法：局部检测，按《承压设备无损检测 第5部分：渗透检测》（NB/T 47013.5—2015）第6.2.1条规定，喷、刷均可，用喷罐式检测材料，选用喷施的方法。

（3）渗透时间：题中标明了环境气温，处于标准温度范围内，按《承压设备无损检测 第5部分：渗透检测》（NB/T 47013.5—2015）第6.2.2条规定，渗透时间不少于10 min即可。

（4）显像时间：按《承压设备无损检测 第5部分：渗透检测》（NB/T 47013.5—2015）第6.6.8条规定，不少于10 min，不大于60 min。

（5）灵敏度试块选择：处于标准温度范围内，选用B型试块即可。

（6）观察条件：按《承压设备无损检测 第5部分：渗透检测》（NB/T 47013.5—2015）第6.7.2条规定，工件表面白光照度不得低于1 000 lx。在车间制作，不适用降低光照度的条件。

（7）污染物控制要求：材质为奥氏体不锈钢，按《承压设备无损检测 第5部分：渗透检测》（NB/T 47013.5—2015）第4.2.1.7条的规定，卤素总含量质量比应少于0.02%，一定量渗透检测剂蒸发后残渣中的氯、氟元素含量的质量比不得超过1%。

■ 三、操作指导书编制

临时焊点去除部位渗透检测操作指导书见表4-10-1。

表4-10-1 临时焊点去除部位渗透检测操作指导书（工艺卡）

工件名称	筒节	规格	ϕ1 500 mm×1 200 mm×12 mm	类别	焊接件	工序安排	外观检查合格后
表面状况	打磨合格	材料牌号	S30403	检测部位	临时焊点去除部位	检测比例	100%
检测方法	ⅡC-d	检测温度	20 ℃～28 ℃	标准试块	B型	检测方法标准	《承压设备无损检测 第5部分：渗透检测》（NB/T47013.5—2015）
观察方式	白光照射下目视观察	渗透剂型号	DPT-5	乳化剂型号	—	清洗剂型号	DPT-5
显像剂型号	DPT-5	渗透时间	10～12 min	干燥时间	自然干燥2～5 min	显像时间	≥10 min ≤60 min
乳化时间	—	照明设备	安全照明灯	黑光辐照度	—	可见光照度	≥1 000 lx
渗透剂施加方法	喷涂	乳化剂施加方法	—	去除方法	擦洗	显像剂施加方法	喷

水洗温度	—	水压	—	验收标准	《承压设备无损检测 第5部分：渗透检测》（NB/T 470135—2015）	合格级别	I 级

示意草图	

技术要求及说明	（1）卤素总含量质量比应少于0.02%，一定量渗透检测剂蒸发后残渣中的氯、氟元素含量的质量比不得超过1%。 （2）通风、用电安全，注意防火。 （3）不允许存在的缺陷。 1）不允许任何裂纹； 2）长度 l>1.5 mm 的线性缺陷； 3）在评定框内（评定框尺寸为 35 mm×100 mm）长径 d > 2.0 mm，或 d ≤ 2.0 mm 的个数超过1个

序号	工序名称	操作要求	注意事项
1	灵敏度校验	B 型，2～3 区	每次渗透检测前
2	预清洗	清洗剂擦洗	清洗范围为检测部位及四周均向外扩展不小于 25 mm 的区域
3	渗透	局部检测，喷、刷均可，渗透时间不少于 10 min	在渗透时间内保持润湿和受检面完全覆盖
4	去除	用干净不脱毛的布或不掉屑的吸湿纸擦洗	先用干净不脱毛的布或不掉屑的吸湿纸擦除尽量多的渗透剂，然后用蘸有清洗剂的干净不脱毛的布或不掉屑的吸湿纸擦洗，注意不得往复擦拭，不得用清洗剂直接在被检面上冲洗
5	干燥	自然干燥 2～5 min	
6	显像	喷施显像剂，均匀喷洒在整个被检表面	显像时间不少于 10 min，不大于 60 min
7	检验	可见光照度≥ 1 000 lx；在显像 10～60 min 内观察	必要时可以借助低倍放大镜观察
8	后处理	用清洗剂清洗掉工件表面的残留的渗透剂和显像剂等	也可以用其他方法去除有害残留物

9	复验	灵敏度验证不符合；方法有误或技术条件改变；争议或认为有必要时	彻底清洗被检面		
10	等级评定与验收	按《承压设备无损检测 第5部分：渗透检测》（NB/T 47013.5—2015）评定、报告	Ⅰ级合格		
编制	×××（PT-Ⅱ）	审核	×××（PT-Ⅲ）	批准	×××
日期	×××	日期	×××	日期	×××

射线检测技术应用

【学习目标】

【知识目标】

（1）理解射线的产生方式及其特点。

（2）掌握射线检测的基本原理、种类、防护方法及其优缺点。

（3）掌握射线检测曝光曲线的制作原理及暗室处理方法。

（4）掌握射线检测操作指导书的内容要求。

【技能目标】

（1）具备射线检测过程中的安全防护能力。

（2）能够依据射线检测技术标准，制作射线曝光曲线。

（3）能够依据超声检测技术标准，对焊接接头实施射线检测、暗室处理，并对射线底片进行质量评定和签发报告。

（4）能够根据被检对象特点及技术要求，编制简单的射线检测操作指导书。

【素质目标】

（1）能够严格按照技术规范执行射线检测设备操作，小心电离辐射，注意安全防护。

（2）认真进行射线底片质量评定，仔细观察，无漏检、零误判，对产品检测结果高度负责。

（3）爱护射线检测设备，严格按照环保要求处理洗片液。

岗课赛证

（1）对应岗位：无损检测员–射线检测技术岗；

（2）对应赛事及技能："匠心杯"装备维修职业技能大赛、全国工程建设系统职业技能竞赛、全国特种设备检验检测行业职业技能竞赛等赛事射线检测技能；

（3）对应证书：轨道交通装备1+X无损检测职业技能等级证书（射线）、特种设备无损检测员职业技能证书（射线）、中国机械学会无损检测人员资格证书（射线）、航空修理无损检测人员资格证书（射线）等。

任务一　射线检测技术认知

■ 一、X/γ 射线的产生及其特性

1. X 射线的产生（二维码 5-1-1）

X 射线是在 X 射线管中产生的，X 射线管是一个具有阴阳两极的真空管，阴极是钨丝，阳极是金属制成的靶。在阴阳两极之间加有很高的直流电压（管电压），当阴极加热到白炽状态时释放出大量电子，这些电子在高压电场中被加速，从阴极飞向阳极（管电流），最终以很大速度撞击在金属靶上，失去所具有的动能，这些动能绝大部分转换为热能，仅有极少一部分转换为 X 射线向四周辐射。

二维码 5-1-1　X 射线的产生

2. γ 射线的产生

γ 射线是放射性同位素经过 α 衰变或 β 衰变后，在激发态向稳定态过渡的过程中从原子核内发出的，这一过程称为 γ 衰变，又称 γ 跃迁。γ 跃迁是核内能级之间的跃迁，与原子的核外电子的跃迁一样，都可以放出光子，光子的能量等于跃迁前后两能级能值之差。不同的是，原子的核外电子跃迁放出的光子能量在几电子伏到几千电子伏之间，而核内能级的跃迁放出的 γ 光子能量在几千电子伏到十几兆电子伏之间。

3. X 射线和 γ 射线的性质

X 射线和 γ 射线与无线电波、红外线、可见光、紫外线等属于同一范畴，都是电磁波。其区别只是在于波长不同以及产生方法不同，因此，X 射线和 γ 射线具有电磁波的共性，同时也具有不同于可见光和无线电波等其他电磁辐射的特性。

X 射线和 γ 射线具有以下性质：

（1）在真空中以光速直线传播；

（2）本身不带电，不受电场和磁场的影响；

（3）在媒质界面上只能发生漫反射，而不能像可见光那样产生镜面反射；X 射线和 γ 射线的折射系数非常接近于 1，所以折射的方向改变不明显；

（4）可以发生干涉和衍射现象，但只能在非常小的间隙内发生，例如，晶体组成的光阑中才能发生这种现象；

（5）不可见，能够穿透可见光不能穿透的物质；

（6）在穿透物质过程中，会与物质发生复杂的物理和化学作用，例如，电离作用、荧光作用、热作用以及光化学作用；

（7）具有辐射生物效应，能够杀伤生物细胞，破坏生物组织。

■ 二、射线检测原理及特点

1. 射线检测原理（二维码 5-1-2）

射线在穿透物体过程中会与物质发生相互作用，因吸收和散射而使其强度减弱。强度衰减程度取决于物质的衰减系数和射线在物质中穿越的厚度。如果被透照物体（试件）的局部存在缺陷，且构成缺陷的物质的衰减系数又不同于试件，该局部区域的透过射线强度就会与周围产生差异。把胶片放在适当位置使其在透过射线的作用下感光，经暗室处理后得到底片。底

二维码 5-1-2　射线检测原理

片上各点的黑化程度取决于射线照射量（又称曝光量，等于射线强度乘以照射时间），由于缺陷部位和完好部位的透射射线强度不同，底片上相应部位就会出现黑度差异。底片上相邻区域的黑度差定义为"对比度"。把底片放在观片灯光屏上借助透过光线观察，可以看到由对比度构成的不同形状的影像，评片人员据此判断缺陷情况并评价试件质量。

2. 射线检测的特点

射线照相法在锅炉、压力容器的制造检验和在用检验中得到广泛的应用，它的检测对象是各种熔化焊接方法（电弧焊、气体保护焊、电渣焊、气焊等）的对接接头，也能检查铸钢件，在特殊情况下也可用于检测角焊缝或其他一些特殊结构试件。它一般不适宜钢板、钢管、锻件的检测，也较少用于钎焊、摩擦焊等焊接方法的接头的检测。

射线照相法用底片作为记录介质，可以直接得到缺陷的直观图像，且可以长期保存。通过观察底片能够比较准确地判断出缺陷的性质、数量、尺寸和位置。射线照相法容易检出那些形成局部厚度差的缺陷。对气孔和夹渣之类缺陷有很高的检出率，对裂纹类缺陷的检出率则受透照角度的影响。它不能检出垂直照射方向的薄层缺陷，例如钢板的分层。射线照相所能检出的缺陷高度尺寸与透照厚度有关，可以达到透照厚度的 1%，甚至更小。所能检出的长度和宽度尺寸分别为毫米数量级和亚毫米数量级，甚至更小。

射线照相法检测薄工件没有困难，几乎不存在检测厚度下限，但检测厚度上限受射线穿透能力的限制。而穿透能力取决于射线光子能量。420 kV 的 X 射线机能穿透的钢厚度约 80 mm，Co60 γ 射线穿透的钢厚度约 150 mm。更大厚度的试件则需要使用特殊的设备——加速器，其最大穿透厚度可达到 400 mm 以上。

射线照相法几乎适用于所有材料，在钢、钛、铜、铝等金属材料上使用均能得到良好的效果，该方法对试件的形状、表面粗糙度没有严格要求，材料晶粒度对其不产生影响。

射线照相法检测成本较高，检测速度较慢。射线对人体有伤害，需要采取防护措施。

■ 三、辐射防护的基本方法

辐射防护的目的在于控制辐射对人体的照射，使之保持在可以合理做到的最低水平，保证个人所受到的当量剂量不超过规定标准。对于工业射线检测而言，只需要考虑外照射的防护。总的来说，外照射的防护比内照射的防护容易解决。下面的三个因素是外照射防护的基本要素。

1. 时间——控制射线对人体的曝光时间

众所周知,在具有恒定剂量率的区域里工作的人,其累积剂量正比于他在该区域内停留的时间。

$$剂量 = 剂量率 \times 时间$$

从上式可见,在照射率不变的情况下,照射时间越长,工作人员所接受的剂量越大。为了控制剂量,对于个人来说,就要求操作熟练,动作尽量简单迅速,减少不必要的照射时间。为确保每个工作人员的累积剂量在允许的剂量限值以下,有时一项工作需要几个人轮换操作,从而达到缩短照射时间的目的。

2. 距离——控制射线源到人体间的距离

增大与辐射源间的距离,可以降低受照剂量。这是因为,在辐射源一定时,照射剂量或剂量率与离源的距离平方成反比。即

$$D_1 \times R_1^2 = D_2 \times R_2^2 \tag{5-1-1}$$

式中,D_1 为距辐射源 R_1 处的剂量或剂量率;D_2 为距辐射源 R_2 处的剂量或剂量率;R_1 为辐射源到 1 点的距离;R_2 为辐射源到 2 点的距离。

从上式可见,当距离增加一倍时,剂量或剂量率减少到原来的 1/4,其余依此类推。在实际工作中,为减少工作人员所接受的剂量,在条件允许的情况下,应尽量增大人与辐射源之间的距离,尤其是在无屏蔽的室外工作,应尽量利用连接电缆长度达到距离防护的目的。无论何时何种情况,不得用手直接抓取放射源。

3. 屏蔽——在人体和射线源之间隔一层吸收物质

在实际工作中,当人与辐射源之间的距离无法改变,而时间又受到工艺操作的限制时,欲降低工作人员的受照剂量水平,只有采用屏蔽防护。屏蔽防护就是根据辐射通过物质时强度被减弱的原理,在人与辐射源之间加一层足够厚的屏蔽层,把照射剂量减少到容许剂量水平以下。

（1）屏蔽方式。根据防护要求的不同,屏蔽物可以是固定式的,也可以是移动式的。属于固定式的屏蔽物是指防护墙、地板、天花板、防护门等。属于移动式的如容器、防护屏及铅房等。

（2）屏蔽材料。γ 射线和 X 射线的屏蔽材料是多种多样的。按道理讲,任何材料对射线强度都有程度不同的削弱,但原子序数高的或密度大的防护材料,其防护效果更好。在实践中,铅和混凝土是最常用的防护材料。

总之,屏蔽材料必须根据辐射源的能量、强度、用途和工作性质来具体选择,同时还必须考虑成本和材料来源。

■ 四、射线检测的种类

除了以 X 射线和 γ 射线为探测手段,以胶片作为信息载体的常规射线照相方法外,还有许多其他种射线检测方法,例如,利用加速器产生的高能 X 射线进行检测的高能射线照相,利用中子射线进行检测的中子射线照相,应用数字化技术的图像增强器射线实时成像、计算机 X 射线照相（CR）、线阵列扫描成像（LDA）、数字平板成像（DR）,以

及层析照相等。此外还有一些特殊照相方法，例如，几何放大照相、移动照相、康普顿散射照相等。

■ 五、射线检测发展历史

1895 年 11 月 8 日，德国科学家伦琴发现 X 射线，当时即拍摄一些工业物件的照片。这可以认为是射线用于工业无损探伤的开始。在伦琴发现 X 射线几周后，德国密勒先生在汉堡用吹灯泡的技术制成世界上第一只 X 射线管。1897 年德国塞发特制造出第一台工业用 X 射线探伤机，以后管子和探伤机不断改进。20 世纪 20 年代以后，发展较快。到 1941 年飞利浦公司已制造出 150 kV 和 300 kV 带高压电缆的射线探伤机。美国通用电气公司生产出 220 kV、250 kV 桶式探伤机。不久，400 kV 探伤机问世。大约到 1949 年，安德列斯、菲得列斯、塞发特、飞利浦公司相继制造出第一流桶式探伤机，目的在于方便地通过船舱口，检查船体焊缝。几年后这种设备从 80 kV 发展到 300 kV。至此，X 射线探伤机已形成两大类产品：一类是用于现场探伤的小型携带式；另一类是用于试验室内探伤的大型固定式。从国外看，20 世纪 60 年代末、70 年代初以前，都是这两大类产品。

从国内看，中华人民共和国成立初期，射线探伤机几乎完全靠进口。到 1964 年原上海仪表厂试制生产出携带式 100 kV、150 kV 探伤机。同时，上海探伤机厂仿制匈牙利 250 kV 探伤机。1965 年丹东试制成仿苏 200 kV/20 mA 大型探伤机。接着，丹东、上海试制生产 200 kV、250 kV 携带式探伤机。丹东也曾进口西德玻璃壳管，生产一批 400 kV 大型机，上海也试制过 400 kV 机型。

■ 六、知识技能拓展

二维码 5-1-3 视频资源展示了 X 射线检测的实际应用过程。

■ 七、思考

人体射线检测与工业产品射线检测的差异有哪些？

二维码 5-1-3　X 射线检测的
实际应用过程

任务二　射线检测设备及安全防护认知

射线检测是应用最广泛的五种常规无损检测方法之一，主要应用于焊接件和铸件内部缺陷的检查。X 射线检测是利用射线机发射的 X 射线穿透检测件，将检测件的影像记录在胶片上，通过观察胶片是否存在缺陷的检测方法。由于 X 射线具有辐射，所以在检测过程中一定要注意安全防护。

■ 一、实训目的

（1）了解射线检测的用途、工艺流程，建立感性认识。

（2）认识射线检测设备，掌握其用途、作用和正确使用方法。

（3）了解射线检测的安全防护知识。

■ 二、实训设备

（1）XXQ-2505 型 X 射线机、操控箱。

（2）胶片、暗袋、增感屏。

（3）铅板、像质计、铅字。

（4）显影定影粉。

（5）观片灯、密度计、评片尺、放大镜、红光灯。

（6）定时器等。

■ 三、实训步骤

1．设备认识

射线检测仪器、设备是完成射线检测工作的保证，射线检测人员应该掌握设备、仪器的正确使用以及其功能和用途。射线检测设备主要包括：XXQ-2505 型 X 射线机、操控箱、胶片、暗袋、增感屏、铅板、像质计、铅字、显影定影粉、观片灯、密度计、评片尺、放大镜、红光灯、定时器等。二维码 5-2-1 和二维码 5-2-2 分别介绍了 X 射线机及 γ 射线机的相关情况。

二维码 5-2-1　X 射线机介绍　　　　　　二维码 5-2-2　γ 射线机介绍

（1）XXQ-2505 型 X 射线机。X 射线机是射线检测的主要设备，射线机的核心部件是 X 射线管——通过辐射发射 X 射线，由于电子大部分转换为热能，因而射线机的冷却系统是非常重要的，所以以要正确操作，使射线机冷却充分。

XXQ-2505 型射线机最高管电压为 200 kV，管电流 5 mA，长期不用的射线机在使用时一定要训机（目的是提高 X 射线管的真空度），该型号可自动训机。射线机不能在雨天使用，使用前要做充分的预热和冷却，对射线机要定期维护。

（2）操控箱。操控箱是射线机的控制系统，可以调节管电压、曝光时间等透照参数，并设有过流保护和过压保护。

（3）胶片、暗袋、增感屏。

1）胶片。射线检测中用的胶片与普通胶片不同，它的双面涂有感光乳剂层，胶片不能曝光，处理胶片都在暗室中进行。胶片的保管非常重要，因为胶片的质量直接影响影像的质量，胶片不能受压、受折，保存在干燥的环境中，装片时要注意胶片不要划伤。

2）暗袋。为防止胶片曝光，应将其装在暗袋里。

3）增感屏。金属增感屏，主要起增感的作用，还能够吸收散射线。增感屏应保持清洁，内部不应有划伤、杂质，防止底片产生人为缺陷。

（4）像质计。像质计是检验检测灵敏度的工具，像质计摆放应该细丝朝外，并放在射线源一侧的工件表面。

（5）铅字。为了建立档案和缺陷定位，需要进行标记，分为识别标记（产片编号、底片编号、透照日期等）和定位标记（中心标记┿和搭接标记┢）。

（6）铅板。铅板的主要用途是吸收散射线，将铅板放在胶片的后面，用于散射线控制。

（7）密度计。测量底片的黑度，用于底片质量的评定，看底片黑度是否达到要求。使用时，预热一定时间，先调零再测量。

（8）观片灯。用于观察底片评定的工具，根据黑度不同可以调节观片灯的亮度。

（9）红光灯、定时器。暗室操作时用的设备，因为胶片对红光不敏感，为方便操作用红光灯照明，定时器是洗片定时的工具。

二维码 5-2-3 介绍了射线检测相关的其他设备情况。

二维码 5-2-3　射线检测相关设备

2．安全防护措施

为了检测人员的身体健康，在检测过程中不要吸收过量的照射剂量，以免造成身体的损伤，所以在射线检测中一定要做好安全防护工作。射线检测的安全防护主要包括以下三个方面：

（1）时间防护：减少受照的时间可以减少人体所接受的照射剂量，射线检测人员法定工作时间为每天六小时。

（2）距离防护：射线的照射剂量与距源的距离的平方成反比，所以检测人员要与射线源保持足够的距离以保证人身安全。

（3）屏蔽防护：屏蔽防护利用了密度大的材料能够吸收大量的射线的性能，射线穿过屏蔽物后其强度将大大衰减。射线检测常用的是铅，如试验室的铅房。

3．检测程序

射线检测流程如图 5-2-1 所示。

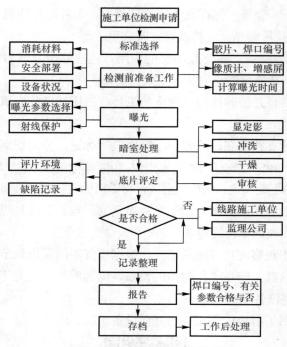

图 5-2-1　射线检测工艺流程

■ 四、知识技能拓展

二维码 5-2-4 文本资源介绍了辐射相关知识；二维码 5-2-5 文本资源介绍了一起实际辐射事故通报，希望大家在检测过程中务必严格按照规范进行操作。

二维码 5-2-4　辐射相关知识

二维码 5-2-5　辐射事故通报

■ 五、思考

生活中哪些地方需要注意辐射，请举例。

任务三　射线照相底片的暗室处理

暗室处理是射线照相检验的一道重要工序，被射线曝光的带有潜影的胶片经过暗室处理后变为带有可见影像的底片。底片质量好坏与暗室工作的技术水平以及操作正确与否密切相关。作为射线检测人员，应熟练掌握暗室操作技术以及有关知识。

一、实训目的

（1）明确暗室处理要求、药品性能及用途。

（2）掌握显影和定影技术。

（3）掌握射线检测底片的人工处理技术。

二、实训设备

（1）红光灯、定时器。

（2）显影液、定影液。

（3）底片。

（4）温度计。

（5）洗片槽。

三、实训步骤

1．明确药品功能作用

（1）显影液。显影液在这个过程中是非常重要的，直接影响底片的质量，如黑度、对比度、颗粒度等，显影液呈碱性。

显影液的组成：显影剂、保护剂、促进剂、抑制剂。

1）显影剂——将已感光的卤化银还原为金属银，常用米吐尔、对苯二酚等。

2）促进剂——增强显影剂的显影能力和速度，因为显影液呈碱性，主要用碳酸钠、硼砂等。

3）抑制剂——主要是抑制灰雾，因为显影剂也能将未感光的溴化银还原成银，就会产生灰雾，加入抑制剂就会抑制显影剂与之作用。

4）保护剂——防止显影剂被氧化，降低显影液的浓度，所以显影剂在放置时应将其盖上。

（2）定影液。定影液的作用是将未还原的溴化银从乳剂层中去除，其成分包括：定影剂、保护剂、坚膜剂、酸性剂，定影液呈酸性。

1）定影剂——主要成分是海波（$Na_2S_2O_3 \cdot 5H_2O$），将乳剂层的溴化银去除。

2）保护剂——因为定影剂易分解失效，故需要保护剂来阻止，一般用亚硫酸钠。

3）坚膜剂——底片乳剂层吸水膨胀，易造成划伤，所以用坚膜剂阻止。

4）酸性剂——中和显影未除尽的碱，使定影液保持酸性。

2．洗片

暗室处理是射线照相检测的重要组成部分，决定着底片的质量，洗片工作流程如图 5-3-1 所示。

图 5-3-1　洗片工作流程

具体操作如下：

（1）显影（2～3 min）。用温度计测量显影液温度，大概 20 ℃，用定时器定好显影时间，将底片放入显影液槽中并不断地搅动（尽量摸底片的边缘），注意不要将底片划伤。

（2）停显（0.5～1 min）。定时器响后将底片取出，放进停显槽，洗 1 min 左右。

（3）定影（5 min 左右）。将底片放进定影槽并不断搅动，定影时间为通透时间的 2 倍，不要超过 10 min。

（4）冲洗。将底片放在流动的水中冲洗，冲洗要充分，防止以后底片变黄，大概冲洗 30 min。

（5）干燥。将底片挂起来，自然干燥。

二维码 5-3-1 以微课形式介绍了射线检测暗室处理过程。

二维码 5-3-1　射线
检测暗室处理

■ 四、思考

射线胶片成像有哪些优缺点？

任务四　射线机曝光曲线的制作

每台射线机的曝光曲线是不同的，即使是同一型号，使用一段时间后曝光曲线也不一样，曝光曲线有 D–T 曲线、E–T 曲线、KV–T 曲线。下面制作 XXQ–2505 型 X 射线机的 KV–T 曝光曲线。

■ 一、实训目的

（1）掌握常用曝光曲线的制作方法。

（2）具体制作 XXQ–2505 型 X 射线机的曝光曲线。

■ 二、实训设备

（1）XXQ–2505 型 X 射线机、操控箱。

（2）胶片、暗袋、增感屏。

（3）铅板、像质计、铅字。

（4）阶梯试块。

（5）观片灯、密度计。

（6）暗室处理设备。

■ 三、曲线制作原理

1. 曝光曲线

曝光曲线是射线检测的工具。一台 X 射线机在不同的工艺条件下有不同的曝光曲线，因此已经制成的曝光曲线应当经常校准才能保持其精确性。

2. 曝光量－厚度曝光曲线

此种曝光曲线在半对数坐标纸上近似为一条直线，这是因为

$$I=I_0e^{-\mu d} \tag{5-3-1}$$

通过推论可得

$$\lg I_0t=\mu d+C \tag{5-3-2}$$

即在电压不变的情况下，d 与 $\lg I_0t$ 呈直线关系。在试验中用阶梯试块实现不同厚度 d 的透照，在同一焦距和管电压下用不同的曝光量曝光可得一组底片。通过这组底片，确定在一定黑度时不同厚度 d 所对应的曝光量 I_0t，将各试验点标注于半对数坐标纸上，便可得一条曝光曲线，每一管电压对应一条曝光曲线。

3. 管电压－厚度曝光曲线

通过数学分析可以知道，管电压与厚度之间不存在简单的线性关系，因而得到的不是直线而是一条曲线。但从试验中可以看出这条曲线的曲率不大，在某些区域内可以近似看作直线。在试验中用阶梯试块实现不同厚度 d 的透照，在同一焦距和曝光量下用不同的管电压曝光，可得一组底片。通过这组底片，确定在一定的黑度时不同厚度 d 所对应的管电压，将各试验点标注于普通坐标纸上，便可得一条曝光曲线，每一曝光量对应一条曝光曲线。

四、实训步骤

1. 阶梯试块的准备与透照布置

如图 5-4-1 所示，将胶片放在阶梯试块下面，并在每层阶梯上用铅字标记阶梯厚度，将像质计放在阶梯试块上面。

2. 曝光试验

将阶梯试块、暗盒、像质计、铅板布置好以后，固定曝光时间，改变管电压，每次上升 10 kV，逐次曝光，得到一组胶片，由此可得到管电压和厚度的关系。

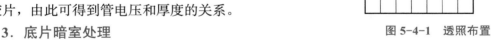

图 5-4-1　透照布置

3. 底片暗室处理

将上述所得底片，在相同的显影时间、相同的显影温度下洗片，按要求得到底片。

4. 黑度的测定

用密度计测量各阶梯的黑度，确定符合基准的黑度的厚度，即为适用厚度，将数据填入表 5-4-1。

表 5-4-1　曝光曲线试验记录表

X射线机型号		胶片类型		焦距		基准黑度	
显影时间		显影温度			曝光时间		
底片编号	1	2	3	4	5	6	7
管电压							
适用厚度 /mm							

5. 绘制 KV-T 曝光曲线

139

坐标纸上绘制 KV-T 曝光曲线。纵坐标为管电压，横坐标为透照厚度，根据上面试验记录，画出曝光曲线。

■ 五、知识技能拓展

二维码 5-4-1 介绍了曝光曲线的制作与应用。

■ 六、思考

（1）X 射线曝光曲线制作时，误差主要来自哪些因素？

（2）改变曝光参数对曝光曲线有什么影响？

二维码 5-4-1　曝光曲线的制作与应用

任务五　平板对接焊缝射线照相检测

射线照相应用最多的对象是焊接接头的缺陷检测，其能有效检测出焊接接头中存在的未焊透、气孔、夹渣、裂纹和坡口未熔合等缺陷，在锅炉、压力容器、压力管道、船舶等制造过程中广泛使用。

■ 一、检测目的

对平板对接焊缝进行射线照相检测，掌握射线透照布置、透照参数选择的方法。

■ 二、检测设备

（1）XXQ-2505 型 X 射线机。

（2）胶片。

（3）铅板、像质计、标识铅字、增感屏。

■ 三、检测步骤

完整、详细步骤可观看二维码 5-5-1 微课——焊缝射线检测工艺。

二维码 5-5-1　焊缝射线检测工艺

1. 曝光参数的设定

依据曝光曲线，选择合适的电压、曝光时间以及显影温度。

2. 透照方式

射线照相检测焊缝的透照方式有单壁单透、双壁单透、双壁双透（椭圆透照）。

平板对接焊缝采用单壁单透的透照方式，如图 5-5-1 所示，将铅板、胶片放在试件底部。图 5-5-2 所示为射线照相检测工艺流程。

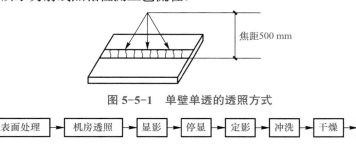

图 5-5-1　单壁单透的透照方式

表面处理 → 机房透照 → 显影 → 停显 → 定影 → 冲洗 → 干燥 → 评片

图 5-5-2　射线照相检测工艺流程

3．操作流程

（1）暗室装片。将暗室红光灯打开，将胶片装在暗袋里，放在两增感屏中间，注意增感屏的放置方式，注意不要将胶片划伤，放进增感屏时速度不要过快，防止因胶片产生静电而造成伪缺陷。

（2）机房透照。装好胶片后，将胶片放在试板后面，并在胶片后面放置铅板（吸收散射线），将像质计、铅字放在指定位置，将射线机调整好焦距使射线中心束对准焊缝中心，进行透照（透照参数根据任务四中的曝光曲线选取）。具体平板对接焊缝（纵缝）拍片流程如图 5-5-3 所示。

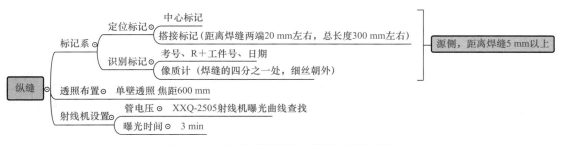

图 5-5-3　平板对接焊缝（纵缝）拍片流程

（3）暗室处理。暗室处理参照本项目任务三进行。

■ 四、知识拓展

（1）环焊缝（双壁单影）拍片流程如图 5-5-4 所示。

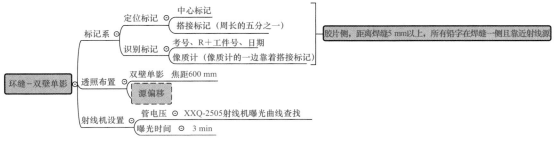

图 5-5-4　环焊缝（双壁单影）拍片流程

（2）环焊缝（双壁双影）拍片流程如图 5-5-5 所示。

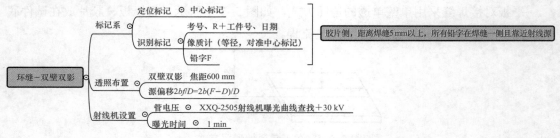

图 5-5-5　环焊缝（双壁双影）拍片流程

■ 五、知识技能拓展

二维码 5-5-2 是核电站建设的新闻报道视频，其中涉及焊缝射线检测，以此说明焊缝射线检测的重要性以及射线检测结果的可靠性；二维码 5-5-3 视频资源简单介绍数字射线检测技术，该技术是射线检测未来发展的方向，正在逐步取代常规胶片照相检测方法。

二维码 5-5-2　核电建设中的射线检测　　　　二维码 5-5-3　数字射线检测技术

任务六　缺陷影像观察与质量等级评定

评片工作是射线探伤非常重要的一项工作。正确评判底片，能够预防不可靠工件转入下道工序，防止材料和工时的浪费，并能指导和改进被检件的生产制造工艺，消除质量事故隐患，防止事故发生。评片也是射线探伤的关键环节，是对射线照相、底片冲洗等工作的检验和评判。底片质量不合格，需重新拍照。

■ 一、实训目的

（1）观察射线底片各类缺陷的特征，初步具备判别各类典型缺陷的能力。
（2）对射线底片进行质量评级，根据检测和评片结果出具检测报告。

■ 二、实训设备

（1）观片灯。
（2）黑度计。

（3）评片尺。

（4）放大镜。

■ 三、评片规律及要领

1. 焊缝射线照相底片的评判规律

（1）探伤人员要评片，四项指标放在先[*]，底片标记齐又正，铅字压缝为废片。

（2）评片开始第一件，先找四条熔合线，小口径管照椭圆，根部都在圈里面。

（3）气孔形象最明显，中心浓黑边缘浅，夹渣属于非金属，杂乱无章有棱边。

（4）咬边成线亦成点，似断似续常相见，这个缺陷最好定，位置就在熔合线。

（5）未焊透是大缺陷，典型图像成直线，间隙太小钝边厚，投影部位靠中间。

（6）内凹只在仰焊面，间隙太大是关键，内凹未透要分清，内凹透度成弧线。

（7）未熔合它斜又扁，常规透照难发现，它的位置有规律，都在坡口与层间。

（8）横裂纵裂都危险，横裂多数在表面，纵裂分布范围广，中间稍宽两端尖。

（9）还有一种冷裂纹，热影响区常发现，冷裂具有延迟性，焊完两天再拍片。

（10）有了裂纹很危险，斩草除根保安全，裂纹不论长和短，全部都是Ⅳ级片。

（11）未熔合也很危险，黑度有深亦有浅，一旦判定就是它，亦是全部Ⅳ级片。

（12）危险缺陷未焊透，Ⅱ级焊缝不能有，管线根据深和长，容器跟着条渣走[**]。

（13）夹渣评定莫着忙，分清圆形和条状，长宽相比3为界，大于3倍是条状。

（14）气孔危害并不大，标准对它很宽大，长径折点套厚度，中间厚度插入法。

（15）多种缺陷大会合，分门别类先评级，2类相加减去Ⅰ，3类相加减Ⅱ级。

（16）评片要想快又准，下拜焊工当先生，要问诀窍有哪些，焊接工艺和投影。

注：[*]四项指标系底片的黑度、灵敏度、清晰度、灰雾度必须符合标准的要求。

　　[**]指单面焊的管线焊缝和双面焊的容器焊缝内未焊透的判定标准。

2. 焊缝评片口诀

（1）评片人员应注意，适用标准要熟记。　（2）观片像质放在先，所有标记要齐全。

（3）识别伪像第二件，仔细区分也不难。　（4）气孔图像最易看，圆形浓黑边缘淡。

（5）非金点状夹渣物，形状不得有棱边。　（6）夹珠通常很少见，白色底片有黑边。

（7）咬边成线或成点，似断似续常出现。　（8）这种缺陷很好评，位置就在熔合线。

（9）未熔合的深度浅，射线照相难发现。　（10）未焊透是大缺陷，影像大都呈直线。

（11）间隙过小钝边厚，位置就在缝中间。　（12）内凹就在仰焊面，间隙太大是关键。

（13）横裂纵裂最危险，纵向裂纹常相见。　（14）有的直线有的弯，中间稍宽两端尖。

（15）裂纹未熔不允许，若要发现评四级。　（16）单面出现未焊透，应以长深来区分。

（17）未熔条渣区分难，评定两者细心看。　（18）夹渣评定测长短，不能评为Ⅰ级片。

（19）一直线上条渣组，测量间距是关键。　（20）缺陷评级按板厚，缺陷数量按条款。

（21）气孔条渣在一起，孔渣各自先评级。　（22）级别之和再减一，成为最终评定级。

（23）评片综合技能高，标准规范最重要。　（24）定性定量和评级，最终结论不能少。

■ 四、评定步骤

1．底片质量检验

评片时底片首先应满足质量要求，黑度处在规定范围、像质计灵敏度达到要求、标记清晰，底片质量应符合行业技术标准规定［例如《承压设备无损检测 第2部分：射线检测》（NB/T 47013.2—2015）中5.16部分的相关规定］。

二维码 5-6-1　几种典型缺陷的
射线底片图谱（PPT）

2．缺陷识别

主要识别裂纹、未熔合、未焊透、夹杂物、气孔等典型缺陷。二维码 5-6-1 是几种典型缺陷的射线底片图谱。

（1）裂纹。底片上呈现黑线，形状有线状、星状等，如图 5-6-1 所示。

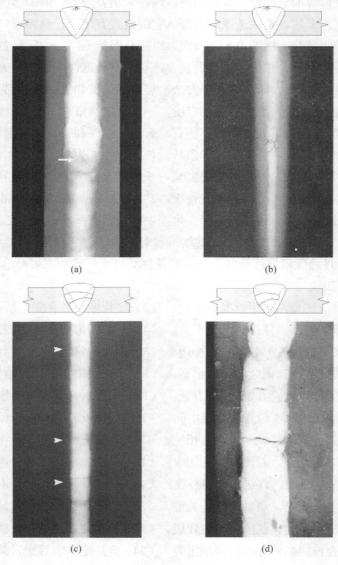

图 5-6-1　裂纹

（a）弧坑裂纹；（b）星形裂纹；（c）横向裂纹；（d）纵向裂纹

144

（2）未焊透。母材金属与母材金属未熔化在一起，有根部未焊透、层间未焊透（双面焊），影像呈现笔直的黑线，并位于焊缝中心，如图5-6-2（a）所示。

（3）未熔合。母材金属与焊缝金属未熔合在一起，一般呈现模糊的线条或断续的点，如图5-6-2（b）所示。

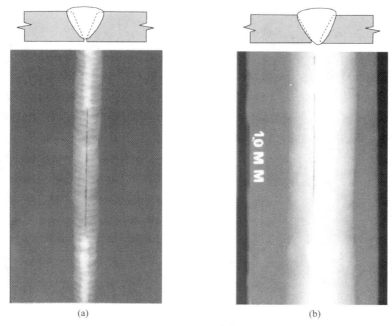

图 5-6-2　未焊透与未熔合

（a）未焊透；（b）未熔合

（4）夹杂物。焊缝中存在夹杂物，分为夹渣和夹钨（钨极氩弧焊），夹渣影像特点是形状不规则，边缘不整齐，黑度变化无规律，如图5-6-3所示。夹钨为白色亮点。

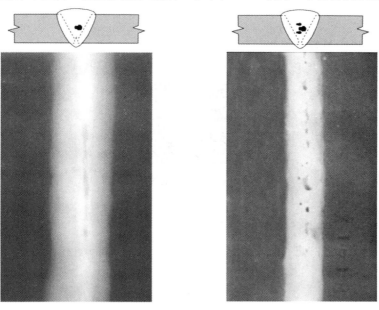

图 5-6-3　夹杂物

（5）气孔。在焊缝结晶过程中气体未逸出而残留在焊缝金属中，影像为黑色斑点，黑度较大，形状为圆形、椭圆等，一般小气孔和小夹杂不好区分，如图 5-6-4 所示。

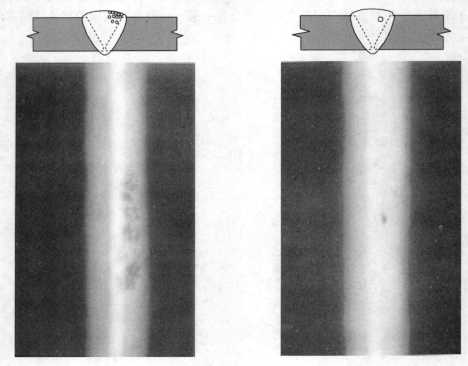

图 5-6-4 气孔

3．结果评定和质量分级

对底片影像进行观察，依据相关行业射线检测技术标准对底片进行评定［例如：依据《承压设备无损检测 第 2 部分：射线检测》（NB/T 47013.2—2015）射线检测标准 6.1 部分对底片等级进行评定］，并填写评片记录表，见表 5-6-1。

4．检测报告

根据检测结果出具检测报告，见表 5-6-2。

二维码 5-6-2 以微课形式介绍了射线底片评定要求。

二维码 5-6-2 射线底片评定要求

■ 五、思考

请按要求对实际底片进行评定。

表 5-6-1 评片记录表

序号	底片编号	工件厚度/mm	焊接方法		施焊位置					焊接形式			底片质量			缺陷评定			备注
			手工焊	自动焊	平	立	横	仰	全	单面	双面	单面垫板	底片标记	应识别丝号	定性	定量（毫米或点）	定位	评级	
1																			
2																			
3																			
4																			
5																			
6																			
7																			
8																			
9																			
10																			

表 5-6-2 平板对接焊缝 X 射线检测报告（样例）

平板对接焊缝 X 射线检测报告

委托单位				
试件	试件名称	板对接焊缝	试件材质	16MnR
	试件规格	300 mm×200 mm×10 mm	焊接方法	单面手工焊
器材及参数	设备名称	X 射线探伤机	设备型号	XXQ-2505/01
	焦点尺寸	2 mm×2 mm	焦距	600 mm
	管电压	160 kV	管 电 流	5 mA
	透照方式	纵缝透照	像质计型号	10/16
	曝光时间	3 min	像质指数	12
	胶片牌号	天津Ⅲ型	增感方式	铅箔
	显影时间和温度	5 min/20 ℃	定影时间和温度	15 min/20 ℃
	底片黑度	2.0	一次透照长度	294 mm
技术要求	检测标准	《承压设备无损检测 第2部分：射线检测》（NB/T 47013.2—2015）	技术等级和合格级别	AB级、Ⅱ级
	要求检测比例	100%	实际检测比例	100%

序号	底片编号	缺陷评定				备注
		定性	定量（毫米或点）	定位	评级	
1	1H1	气孔	2点	+3～4	Ⅱ	

结论	合格

操作：01	评定：01		审核：×× 日期：××××

任务七　焊接接头射线检测操作指导书编制

■ 一、检测对象与检测条件

某制造厂制造的编号为 15T01 的塔式容器筒节 A1，规范为 $\phi 3\,200$ mm×2 000 mm×

26 mm，结构如图 5-7-1 所示，材质为 Q345R，埋弧自动焊焊接，焊缝余高两面均为 2 mm。设计要求对该筒节纵缝接头进行 100% 射线检测，执行《承压设备无损检测 第 2 部分：射线检测》（NB/T 47013.2—2015），验收等级为 Ⅱ 级。

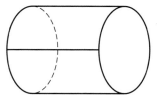

图 5-7-1 塔式容器筒节

请制定该筒节焊接接头的射线检测工艺。

可提供的检测设备和材料有：RF300EG-B2F2 型定向 X 射线机；Agfa-D7（胶片规格为 360 mm×100 mm）。曝光曲线如图 5-7-2 所示。

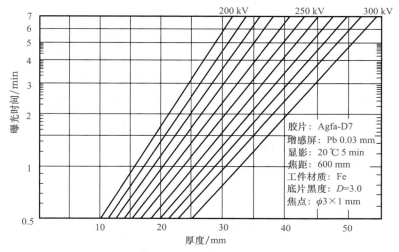

图 5-7-2 RF300EG-B2F2 射线机曝光曲线图
（仅供解题使用）

请将射线检测工艺参数填写在提供的操作指导书（工艺卡）中，格式见表 5-7-1，并将射线源放置、散射线屏蔽和像质计使用、标记摆放等技术要求填写在操作指导书（工艺卡）说明栏中。

■ 二、问题分析与说明

1. 射线检测技术级别

按《承压设备无损检测 第 2 部分：射线检测》（NB/T 47013.2—2015）第 4.3.2 条的规定，应采用 AB 级射线检测技术。

2. A1 筒节焊缝透照工艺参数

（1）透照方式选择。按《承压设备无损检测 第 2 部分：射线检测》（NB/T 47013.2—2015）第 5.5.2.1 条及附录 E 的规定，可以选择源在外（或源在内）单壁透照方式。

（2）透照厚度。$W=T=26$ mm。

（3）探伤机型号选择。提供的射线机穿透能力满足检测要求，选择 RF300EG-B2F2 型定向 X 射线机。

（4）胶片与增感屏选择。因采用 X 射线透照，工件材质常用钢材，按《承压设备无损检测 第 2 部分：射线检测》（NB/T 47013.2—2015）第 5.4.1 条、第 4.2.6.2 条的规定，选用 C5 类胶片（Agfa–D7 型胶片）和前、后屏厚度均为 0.03 mm 的铅箔增感屏。

（5）像质计型号与像质计灵敏度值确定。首先选择使用线型像质计，再根据 W=26 mm，又采用单壁透照，可实现像质计在射线源侧工件表面放置，查《承压设备无损检测 第 2 部分：射线检测》（NB/T 47013.2—2015）表 5，得到应识别像质计丝号为 10 号，故选用 FeⅡ型像质计。

（6）透照焦距。纵焊缝透照焦距的选择影响到一次透照长度，焦距较大，一次透照长度也较大，本题取 F=700 mm，验证 f（即 L_1）$\geqslant$ 10 $db^{2/3}$=10×3×$26^{2/3}$≈263（mm），$F \geqslant f+b$=263+26=289（mm），取 F=700 mm 满足要求。

（7）一次透照长度与透照次数。根据《承压设备无损检测 第 2 部分：射线检测》（NB/T 47013.2—2015）第 5.5.4（a）条规定由 K 值控制，检测技术等级为 AB 级时，纵焊缝 $K \leqslant$ 1.03，$L_3 \leqslant$ 0.5 L_1，搭接长度 ΔL=0.5 L_2，L_1=F–L_2=F–（$T+\Delta H$），当 F=700 mm 时，L_1=700–26–2×2=670（mm），则 $L_3 \leqslant$ 0.5 L_1=0.5×670=335（mm），ΔL=0.5 L_2=15 mm。焊缝总长 L=2 000 mm，当取 $L_3 \leqslant$ 335 mm 时，要求胶片长度：L=359+2ΔL=335+30=365（mm），超过了提供的胶片长度，为保证所有检测部位及规定的各种标记都能在底片上完整显示且保证相邻两次透照检测部位有足够的重叠以防漏检，选取的一次透照长度必须小于 335 mm，假定取 L_3=300 mm，有 N=L/L_3=2 000/300≈6.7（次），取整数，N=7 次，此时，前 6 次长度为 300 mm，最后一次剩余长度只有 200 mm，则一次透照长度可写为 L_3=300 mm（前 6 次），L_3=200 mm（前 7 次）。另：由于一次透照长度受胶片长度限制，一次透照长度不能超过 360–2ΔL=360–30=330（mm），那么，透照次数 N=2 000/330≈6.1（次），必须取整数 7，由此可以计算一次透照长度 L_3=2 000/7≈286（mm），此时一次透照长度为 L_3=286 mm。

（8）管电压和曝光时间确定。F_1=700 mm 时，对于管电流为 5 mA 射线机，所需曝光时间为 t_1=3 min，F_2=600 mm 时的曝光时间 t_2=t_1（F_2/F_1）^{2}=3×（6/7）^{2}=2.2（min），查图 5-7-2，曝光曲线 T=26 mm，t_2=2.2 min 时对应的管电压为 220 kV。

（9）底片黑度。按《承压设备无损检测 第 2 部分：射线检测》（NB/T 47013.2—2015）第 5.16.1.1 条的规定，黑度应控制在 2.0 $\leqslant$ D $\leqslant$ 4.5 范围内。

■ 三、操作指导书编制

筒节纵缝接头射线检测操作指导书见表 5-7-1。

表 5-7-1 焊缝射线照相操作指导书

产品编号	15T01	产品名称	塔式容器	指导书编号	15-0××
产品规格	ϕ3 200 mm×2 000 mm×26 mm	产品材质	Q345R	焊接方法	埋弧自动焊
执行标准	《承压设备无损检测 第 2 部分：射线检测》（NB/T 47013.2—2015）	照相技术级别	AB	验收等级	Ⅱ

探伤机 型号	RF300EG-B2F2		焦点尺寸 /mm	2×2	检测时机		焊接完成外观检查合 格后	
胶片 牌号	Agfa-D7		胶片规格 /mm	360×100	增感屏 /mm		Pb0.03（前／后）	
像质计 型号	Fe Ⅱ		像质计灵 敏度值	10#	底片黑度		2.0 ≤ D ≤ 4.5	
显影液 配方	Agfa-D7 型配方		显影时间	5 ～ 10 min	显影温度		20 ℃ ±2 ℃	
焊缝 编号	焊缝长 度 /mm	检测 比例 /%	透照 方式	透照厚度 /mm	焦距 F/mm	透照 次数 N	一次透照 长度 /mm	管电压 /kV 或源活度 /Ci	曝光时 间 /min
A1	2 000	100	源在外单 壁透照	26	700	7	286	220	3. 0

透照布置示意图：

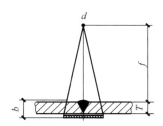

技术要求 及说明	（1）标记摆放按工艺规程的规定。 （2）暗盒背面加铅板进行背散射防护。 （3）像质计置于射源侧，横跨并垂直焊缝放置于透照长度的 1/4 处，细丝朝外侧。 （4）操作人员劳动防护用品穿戴齐全，佩戴个人计量计并携带剂量报警仪
不允许存 在的缺陷	（1）裂纹，未熔合，未焊透。 （2）圆形缺陷：在 10 mm×20 mm 的评定框内，点数超过 12 点。 （3）条形缺陷：①单个条形缺陷长度超过 8.7 mm；②在长度为 312 mm 的评定区内，一组条形缺陷累计长度超过 26 mm。 （4）圆形缺陷评定区内同时存在圆形缺陷和条形缺陷时综合评级超过 Ⅱ 级的缺陷

编制	XXX（RT- Ⅱ）	审核	XXX（RT- Ⅲ）	时间	年　　月　　日

涡流检测技术应用

【学习目标】

【知识目标】

（1）理解涡流检测的基本原理、应用特点、方法分类及其优缺点。

（2）掌握涡流检测阻抗分析法的基本原理。

（3）掌握涡流检测操作指导书的内容要求。

【技能目标】

（1）能够依据涡流检测技术标准，对仪器、探头及其组合性能进行测定。

（2）能够依据涡流检测技术标准，对带铁磁性支撑板的铜管构件进行多频涡流检测。

（3）能够进行涡流探伤、电导率测试及覆盖层测厚等涡流检测工作，并对检测结果进行评定和报告签发。

（4）能够根据被检对象特点及技术要求，编制简单的涡流检测操作指导书。

（5）能够严格按照技术规范执行设备性能测定及产品检测。

【素质目标】

（1）认真进行涡流阻抗图分析，无漏检、零误判，精益求精，对产品检测结果高度负责。

（2）爱护涡流检测设备，做好检测过程中的探头保护工作。

（3）具有自主学习的能力，善于观察、思考和创新，能够快速适应新兴的涡流检测方法。

岗课赛证

（1）对应岗位：无损检测员－涡流检测技术岗；

（2）对应赛事及技能："匠心杯"装备维修职业技能大赛涡流检测技能；

（3）对应证书：轨道交通装备 1+X 无损检测职业技能等级证书（涡流）、特种设备无损检测员职业技能证书（涡流）、中国机械学会无损检测人员资格证书（涡流）、航空修理无损检测人员资格证书（涡流）等。

一、涡流检测物理基础

1．电磁感应现象

电磁感应现象是指电与磁之间相互感应的现象，包括电感生磁和磁感生电两种情况。众所周知，在通电导线附近会产生磁场，这是电感生磁的现象。另外，当穿过闭合导电回路所包围面积的磁通量发生变化时，回路中就产生电流，这种现象就是磁感生电的现象，如图 6-1-1（a）所示，回路中所产生的电流叫作感应电流。并且，当闭合回路中的一段导线在磁场中运动并切割磁力线时，导线也会产生电流，这也是磁感生电的现象，如图 6-1-1（b）所示。

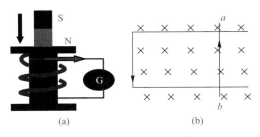

图 6-1-1　电磁感应现象

（a）磁铁穿过线圈；（b）导线切割磁力线

2．涡流

由于电磁感应，当导体处在变化的磁场中或相对于磁场运动时，其内部会感应出电流，这些电流的特点是：在导体内部自成闭合回路，呈旋涡状流动，因此称为涡旋电流，简称涡流。例如，含有圆柱导体芯的螺管线圈中通有交变电流时，圆柱导体芯中出现的感应电流就是涡流，如图 6-1-2 所示。

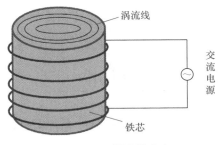

图 6-1-2　涡流的产生

3．集肤效应与涡流透入深度

当直流电流通过导线时，横截面上的电流密度是均匀相同的。但如果是交变电流通过导线时，导线周围变化的磁场也会在导线中产生感应电流，从而会使沿导线截面的电流分布不均匀，表面的电流密度较大，越往中心处越小，按负指数规律衰减。尤其是当频率较高时，电流几乎是在导线表面附近的薄层中流动，这种电流主要集中在导体表面附近的现象，称为集肤效应现象。涡流透入导体的距离称为透入深度。定义涡流密度衰减到其表面值 1/e 时的透入深度称为标准透入深度，也称集肤深度，它表征涡流在导体中的集肤程度，用符号 δ 表示，单位是 m（米），δ 的公式表示如下：

$$\delta = 1/\sqrt{\pi f \sigma \mu} \tag{6-1-1}$$

式中，f 为交流电流的频率，单位为 Hz；σ 为材料的电导率，单位为 S/m；μ 为材料的磁导率，单位为 H/m。

4. 线圈的阻抗

由于线圈是用金属导线绕制而成的，除了具有电感外，导线还有电阻，各匝线圈之间还有电容，所以一个线圈可以用一个由电阻、电感和电容串联的电路表示，一般忽略线匝间的分布电容，而用电阻和电感的串联电路来表示（图 6-1-3），因而可用式（6-1-2）表示线圈的复阻抗：

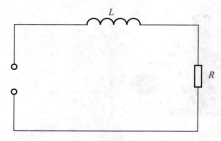

图 6-1-3　单个线圈等效电路

$$Z = R + jX = R + j\omega L \tag{6-1-2}$$

式中，R 为电阻；$X = \omega L$ 为电抗。

当两个线圈相互耦合〔图 6-1-4（a）〕，并在原边线圈通以交变电流时，其等效电路为图 6-1-4（b）。由于电磁感应作用，在副边线圈中会产生感应电流，产生的这个感应电流反过来又会影响原边线圈中的电流和电压，这种影响可以用副边线圈电路阻抗通过互感反映原边线圈电路的折合阻抗来体现，其等效电路如图 6-1-4（c）所示。

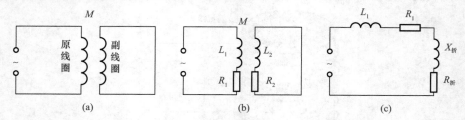

图 6-1-4　两个线圈耦合折合阻抗等效过程

（a）两线圈耦合；（b）等效电路；（c）折合电路

折合阻抗为

$$Z_折 = R_折 + jX_折 \tag{6-1-3}$$

$$R_折 = \frac{X_M^2}{R_2^2 + X_2^2} R_2 \tag{6-1-4}$$

$$X_{折} = -\frac{X_M^2}{R_2^2+X_2^2}X_2 \qquad （6-1-5）$$

式中，R_2 为副边线圈的电阻；$X_2=\omega L$ 为副边线圈的电抗；$X_M=\omega M$ 为互感抗；$R_{折}$ 为折合电阻；$X_{折}$ 为折合电抗。

副边线圈的折合阻抗与原边线圈自身的阻抗相加得到的和称为视在阻抗 Z_s。

$$Z_s=R_s+X_s \qquad （6-1-6）$$
$$R_s=R_1+R_{折} \qquad （6-1-7）$$
$$X_s=X_1+X_{折} \qquad （6-1-8）$$

式中，R_1 为原边线圈的电阻；X_1 为原边线圈的电抗；R_s 为视在电阻；X_s 为视在电抗。

应用视在阻抗的概念，可认为原边电路中电流和电压的变化是由视在阻抗变化引起的，而根据视在阻抗的变化就可以知道副边线圈对原边线圈的效应，从而可以推知副边线圈电路中阻抗的变化（这是阻抗分析法涡流检测的本质）。

■ 二、涡流检测原理（二维码 6-1-1）

涡流检测时把导体接近通有交流电的线圈，由线圈建立的交变磁场与导体发生电磁感应作用，在导体内感生出涡流。此时，导体中的涡流也会产生相应的感应磁场，并影响原磁场，进而导致线圈电压和阻抗的改变。当导体表面或近表面出现缺陷（或其他性质变化）时，会影响涡流的强度和分布，并引起线圈电压和阻抗的变化。因此，通过仪器检测出线圈中电压或阻抗的变化，即可间接地发现导体内缺陷（或其他性质变化）的存在（图 6-1-5）。

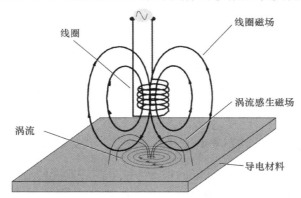

图 6-1-5　涡流检测原理

注：由于被测工件的形状、受检部位不同，所以检测线圈的形状与接近试件的方式也不尽相同。为了适应各种检测需要，人们设计了各种各样的检测线圈和涡流检测仪器。其中，检测线圈用来建立交变磁场，把能量传递给被检导体；同时又通过涡流所建立的交变磁场来获得被检测导体中的质量信息。所以检测线圈是一种换能器。

二维码 6-1-1　涡流检测原理

■ 三、涡流检测方法分类

检测线圈的形状、尺寸和技术参数对于最终检测结果是至关重要的。以涡流探伤为例，往往是根据被检试件的形状、尺寸、材质和质量要求（检测标准）等来选定检测线圈的种类。相应地，涡流探伤也常依据检测线圈的形式来进行检测方法的分类。常用的检测线圈有三类，它们的适用范围见表6-1-1。

表 6-1-1　检测方法与应用分类

检测线圈	检测对象	应用范围
外穿式线圈	管、棒、线	在线检测
内穿式线圈	管内壁、钻孔	在役检测
探头式线圈	板、坯、棒、管、机械零件	材质和加工工艺检查

外穿式线圈是将被检试样放在线圈内进行检测的线圈，适用于管、棒、线材的探伤。线圈产生的磁场首先作用在试样外壁，因此检出外壁缺陷的效果较好。而内壁缺陷的检测是利用磁场的渗透来进行的，故一般来说，内壁缺陷检测灵敏度比外壁低。厚壁管材的内壁缺陷是无法使用外穿式线圈来检测的。

内穿式线圈是放在管子内部进行检测的线圈，专门用来检查厚壁管子内壁或钻孔内壁的缺陷，也用来检查成套设备中管子的质量，如热交换器管的在役检验。

探头式线圈是放置在试样表面上进行检测的线圈，它不仅适用于形状简单的板材、板坯、方坯、圆坯、棒材及大直径管材的表面扫描探伤，也适用于形状较复杂的机械零件的检查。与穿过式线圈相比，由于探头式线圈的体积小，磁场作用范围小，所以适于检出尺寸较小的表面缺陷。

■ 四、涡流检测应用（二维码 6-1-2）

涡流检测方法是以电磁感应为基础的检测方法，故原则上所有与电磁感应有关的影响因素，都可作为涡流检测方法的检测对象。以下为影响电磁感应的因素及可能作为涡流检测的应用对象。

（1）不连续性缺陷：裂纹、夹杂物、材质不匀等；

（2）电导率：化学成分、硬度、应力、温度、热处理状态等；

（3）磁导率：铁磁性材料的热处理、化学成分、应力、温度等；

（4）试件几何尺寸：形状、大小、膜厚等；

（5）被检件与检测线圈间的距离（提离间隙）、覆盖层厚度等。

除了上述应用之外，涡流法还可在特定的条件下进行开发。

表 6-1-2 给出了涡流检测应用范围的分类情况。

表 6-1-2　涡流检测应用范围

分类		目的
在线检测	工艺检查	在制造工艺过程中进行检测，可在生产中间阶段剔除不合格产品，或进行工艺管理
	产品检查	在产品最后工序检验，判断产品质量是否合格
在役检测		为机械零部件及热交换器管等设施的保养、管理进行检验。在大多数情况下为定期检验
加工工艺监督		主要指对某个加工工艺的质量进行检查，如点焊、滚焊质量的监督与检查
其他应用		薄金属及涂层厚度的尺寸测量；材质分选；电导率测量；金属液面检测；非金属材料中的金属搜索

二维码 6-1-2　涡流检测在飞机上的应用

五、涡流检测特点

1. 涡流检测的优点

（1）对金属管、棒、线材的检测不需要接触，无须耦合介质，检测速度高，易于实现自动化检测，特别适合在线检测。

（2）对于表面缺陷的探测灵敏度很高，且在一定范围内具有良好的线性指示，可对大小不同的缺陷进行评价，故可用作质量管理与控制。

（3）影响涡流的因素多，如裂纹、材质、尺寸、形状及电导率和磁导率等。采用特定的电路进行处理，可筛选出某一因素而抑制其他因素，由此可以对上述某一单独影响因素进行有效的检测。

（4）检查时不需接触工件又不用耦合介质，可进行高温下的检测。同时探头可延伸至远处作业，故可对工件的狭窄区域及深孔壁（包括管壁）等进行检测。

（5）采用电信号显示，可存储、再现及进行数据比较和处理。

2. 涡流检测的局限性

（1）涡流探伤的对象必须是导电材料，且只适用于检测金属表面缺陷，不适用于检测金属材料深层的内部缺陷。

（2）金属表面感应的涡流渗透深度随频率而异。激励频率高时金属表面涡流密度大，随着激励频率的降低，涡流渗透深度增加，但表面涡流密度下降。所以探伤深度与表面伤检测灵敏度相互矛盾。对某种材料进行涡流探伤时，需要根据材质、表面状态、检验标准综合考虑，然后再确定检测方案与技术参数。

（3）采用穿过式线圈进行涡流探伤时，线圈获得的信息是管、棒或线材一段长度的圆周上影响因素的累积结果，对缺陷所处圆周上的具体位置无法判定。

（4）旋转探头式涡流探伤方法可准确探出缺陷位置，灵敏度和分辨率也很高，但检测区域狭小，全面扫查检验速度较慢。

（5）涡流探伤至今处于当量比较检测阶段，对缺陷做出准确的定性定量判断尚待开发。

尽管涡流检测存在一些不足，但其独特之处是其他无损检测方法无法取代的。因此，涡流检测在无损检测技术领域具有重要的地位。

■ 六、涡流检测发展的历史

涡流现象的发现已经有二百年的历史。早在 1820 年，Oersted（奥斯特）就发现当一个导体通有电流时，会产生环绕导体的磁场。同年，Ampere（安培）发现在靠近导体的区域通一同样大小方向相反的电流将会抵消该导体电流产生的磁场。1824 年，Arago 发现当把摆动的磁针放置于一个无磁性导体盘附近时，磁针的摆动会迅速衰减下来，这就是第一个验证涡流存在的试验。1831 年，Faraday（法拉第）发现了电磁感应现象，并在试验的基础上提出了电磁感应原理。1873 年，Maxwell（麦克斯韦）用完整的数学方程式将前人的这些成果表示出来，建立了系统严密的电磁场理论，时至今日，Maxwell 方程组仍然是电磁现象的研究基础，也是涡流检测的理论基础。

电磁理论及其试验的不断发展与完善，促使了涡流检测等电磁无损检测与评估技术的不断发展。1879 年，Hughes（休斯）首先将涡流检测应用于实际——判断不同的金属和合金，进行材质分选。1926 年，第一台涡流测厚仪问世。但真正在理论和实践上完善涡流检测技术的是德国的 Foster（福斯特）博士。从 20 世纪 40 年代初开始，Foster 在基础试验和理论推导的基础上发表了大量有关涡流检测的论文，并创办了福斯特研究所。他的涡流检测理论与技术设备极大地推动了全世界涡流检测技术的发展。除西德以外，美国、苏联、法国、英国、日本也先后做了大量的开发性工作，发表了大量的论文，并研制生产了一些高水平的涡流检测设备。

我国于 20 世纪 60 年代开始开展涡流检测研究工作，70 年代中期成功研制了 FQR 7501 型和 FQR 7502 型涡流电导仪、FQR 7503 型和 FQR 7504 型膜层测厚仪以及 FQR 7505 型涡流探伤仪等一系列涡流检测设备。此后又相继成功研制了 YY-17、YS-1、WTS-100、TC-200、ED-251、T-5、NE-30 等多种涡流检测仪器，20 世纪 90 年代研制生产了 EEC-96 型数字涡流检测设备。这些设备在我国的航空航天、冶金、机械、电力、化工、核能等领域都曾经发挥过或正在发挥着重要的作用。

■ 七、知识技能拓展

二维码 6-1-3 以 35 个常见涡流检测问题，全面介绍了涡流检测的相关知识。

二维码 6-1-3　35 个常见涡流检测问题

任务二　频率对响应信号影响的测试

选择合适的频率是有效实施涡流检测的关键，因此，掌握频率变化对涡流响应信号的影响的规律至关重要。

■ 一、测试目的

掌握检测频率变化对涡流响应信号相位和幅值的影响的规律。

■ 二、测试设备及器材

（1）涡流探伤仪（EEC-35+）。
（2）放置式探头（频率 50 ～ 500 kHz）。
（3）铝合金对比试块。

■ 三、测试原理

由于交流电有集肤效应（图 6-2-1），电流主要集中在导体的外表面，在内部的电流密度比较小。所以当频率越高时，透入深度越低，表面灵敏度越高；当频率越低时，透入深度越高，表面灵敏度越低。检测频率会对涡流响应信号相位和幅值造成明显的影响。二维码 6-2-1 简要介绍了交流电集肤效应形成原理。

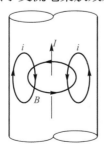

图 6-2-1　集肤效应

二维码 6-2-1　交流电集肤效应形成原理

■ 四、测试步骤（二维码 6-2-2）

（1）设定检测频率为 50 kHz，采用放置式线圈扫查铝合金对比试块上深度为 0.5 mm

的人工缺陷，如图 6-2-2 所示。

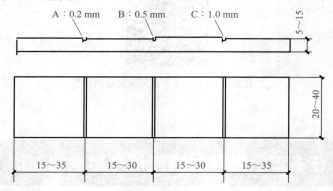

图 6-2-2　铝合金对比试块

（2）调节仪器的相位，使深度为 0.5 mm 的人工缺陷响应信号的相位角为零。

（3）调节仪器的增益，使深度为 0.5 mm 的人工缺陷幅值为满幅值的 30%，并记录该频率条件下涡流仪的增益参数。

（4）分别设定检测频率为 100 kHz、200 kHz、300 kHz、400 kHz 和 500 kHz，记录不同频率下 0.5 mm 人工缺陷响应信号的相位角，并重复步骤（3）。

（5）将不同检测频率下记录的相位角和增益填入表 6-2-1。

表 6-2-1　不同频率下人工缺陷响应信号的相位与增益

检测频率	50 kHz	100 kHz	200 kHz	300 kHz	400 kHz	500 kHz
相位角						
增益						

二维码 6-2-2　频率对响应信号影响的测试

任务三　涡流仪器增益线性评价试验

涡流仪器的增益线性会影响检测数据的准确性，因此，进行仪器的增益线性的评定有着重要意义。

■ 一、测试目的

（1）掌握涡流仪器增益线性的测试方法。

（2）了解涡流仪器性能评价内容与测试方法。

■ 二、测试设备及器材

（1）阻抗平面式涡流探伤仪（EEC-35+）。

（2）放置式线圈、外通过式线圈或内穿过式线圈 1 个。

（3）带刻槽的铝合金试块 1 块或带人工通孔的铜管 1 根。

■ 三、测试原理

仪器增益线性是指仪器的增益值与实际缺陷响应信号成比例的程度。缺陷在工件中的大小是通过缺陷响应信号的幅度大小反映的，而同个缺陷的幅度大小又与增益值有关，即为仪器的增益线性状况。增益线性的好坏影响缺陷的定量精度。图 6-3-1 所示为带有不同大小的人工孔的铜管试样，图 6-3-2 所示为在工作频率 f=400 kHz 条件下，自比差动式线圈穿过整个样管时缺陷形成的涡流响应信号。

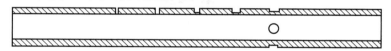

图 6-3-1　人工缺陷对比试样

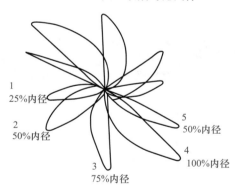

图 6-3-2　涡流检测的对比试样及人工缺陷的涡流响应

■ 四、测试步骤（二维码 6-3-1）

（1）选定工作频率为 200 kHz。

（2）用放置式线圈扫过铝合金试块上深 0.5 mm 的人工槽形缺陷或用内穿过式、外通过式线圈扫查铜管上 ϕ=1 mm 通孔形缺陷，调整相位旋钮（或按键），使响应信号相位角为 90°。

（3）调节响应信号起始点位置，使其在显示屏底线上，即平衡位置处于显示屏中间最下面的刻度线上。

（4）调整增益旋钮（或按键），使响应信号幅度达到 100% 满刻度屏。

（5）以 4 dB 的变化量调节增益旋钮（或按键），每次调节后重新扫查 0.5 mm 人工槽形缺陷或 ϕ1 mm 通孔，并记下人工缺陷响应信号的高度占满屏高度的百分比值。

（6）每组测试三次，取平均值，一直继续到缺陷响应信号幅度降到满屏幅度的 10% 左右为止。

（7）将测试结果及理论值计算结果列入表 6-3-1，测试值与理论值之差为偏差值。

表 6-3-1　随增益调节缺陷响应信号幅度变化的记录表

衰减量 /dB	0	4	8	12	16	20
理论值 /%	100	63.1	39.8	25.1	15.8	10.0
测试值 /%						
偏差值 /%						

二维码 6-3-1　涡流仪器增益线性评价试验

任务四　边缘效应测试

涡流检测的边缘效应是指检测线圈扫查接近零件边缘或其上面的孔洞、台阶时，涡流的流动路径会发生畸变的现象，这种现象引起的涡流变化通常远超过所期望检测缺陷的涡流响应。因此，了解边缘效应，掌握探头的磁场作用范围，对涡流检测十分重要。

■ 一、测试目的

（1）观察涡流的边缘效应。

（2）掌握探头涡流场作用的范围。

■ 二、测试设备与器材

（1）涡流探伤仪（EEC-35+）。

（2）放置式探头（频率 50 ~ 500 kHz）。

（3）铝合金板（100 mm×100 mm×2 mm）。

三、测试原理

边缘效应在涡流检测中经常出现，如图 6-4-1 所示，线圈扫查接近零件边缘或其上面的孔洞、台阶时，涡流的流动路径会发生畸变的现象，这种由于被检测部位形状突变引起的涡流变化通常远超过所期望检测缺陷的涡流响应，如果不能掌握边缘效应的范围，也就无法正确判别靠近试件边缘的涡流信号，可能会造成误检、错判。

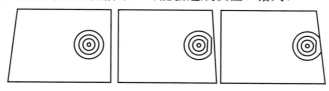

图 6-4-1　涡流的边缘效应

四、测试步骤（二维码 6-4-1）

（1）正确连接仪器探头，将仪器工作频率分别调为 50 kHz、150 kHz、250 kHz、400 kHz 和 500 kHz 左右。

（2）调整涡流检测仪的增益和相位，使提离信号为水平。

（3）将探头平稳置于铝合金试样表面中间位置，慢慢向某一边缘扫查，观察涡流响应信号的变化。

（4）记录涡流响应信号因探头接近铝合金试样边缘发生变化时探头的位置，测量探头在该位置时其中心距离板材边缘的距离 l，如图 6-4-2 所示。

（5）计算探头涡流作用范围的直径 l 与线圈直径 l_0 的关系。

（6）将试验数据填入表 6-4-1。

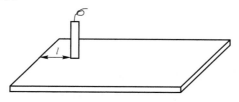

图 6-4-2　边缘效应试验示意

表 6-4-1　不同检测频率下的探头涡流作用范围直径与线圈直径

频率	50 kHz	150 kHz	250 kHz	400 kHz	500 kHz
l					
l/l_0					

二维码 6-4-1　边缘效应测试

163

（1）边缘效应作用范围的大小与哪些因素有关？

（2）怎样抑制边缘效应？

任务五　带铁磁性支撑板的铜管多频涡流检测

涡流检测是热交换管检测中应用最为广泛的一项无损检测方法，用带铁磁性支撑板的铜管作为对比试样，可以有效模拟实际热交换管的涡流检测。

■ 一、检测目的

（1）对带铁磁性支撑板的铜管进行探伤试验；

（2）掌握采用内穿过式线圈检测热交换管的操作技能。

■ 二、检测设备和器材

（1）多频涡流探伤仪（EEC-35+）。

（2）内穿过式线圈。

（3）铜合金样管。

（4）铁磁性钢环。

■ 三、检测原理

热交换管通常由几十根，甚至几百根相同材料的管子构成，各管子之间由金属板支撑以保证管子的齐整、稳固排列。热交换管有两种常见缺陷：一是管道内的液体介质造成内管壁的腐蚀；二是运行过程中，由于热交换管的振动，与支撑板之间形成碰撞和摩擦，造成外管壁的磨损。当采用单一工作频率检测时，由于支撑板多采用铁磁性钢板制作，检测线圈运行至支撑板处会受到来自支撑板感应产生的强电磁信号的干扰，因此必须消除支撑板的干扰信号才能够正确地检测和评价热交换管的质量。

把铁磁性钢环套在铜样管上模拟带支撑板的热交换管，利用多频涡流探伤仪进行检测。通过调整不同激励频率的涡流对隔板产生响应信号，再经过混频通道进行信号叠加，达到消除隔板响应信号、提取缺陷信号的目的（多频检测理论可以观看二维码6-5-1视频）。

如图6-5-1所示，涡流仪通道A和B分别是工作频率为f_1和f_2时隔板产生的涡流响应信号，把通道A、B所获得的涡流响应信号调整到幅度相等、相位分别为40°和310°。将A、B通道的检测信号输入另外一个工作通道进行混频处理，可以看到隔板的响应信号被消除。从混频处理后得到的显示信号可以看到热交换管在隔板支撑处没有其他响应信号，因此可以判断该位置上没有出现腐蚀和磨损缺陷。图 6-5-2 所示为仪器在相同工作条件下，检测隔板处有缺陷时的涡流显示信号（可以观看二维码 6-5-1 视频资源，了解试验室条件下带铁磁性支撑板的铜管多频涡流检测方法）。

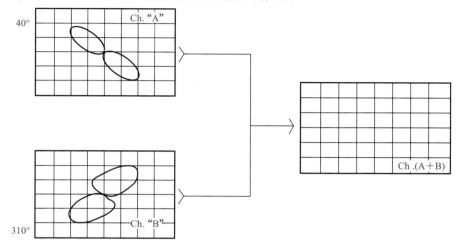

图 6-5-1　响应信号混频处理

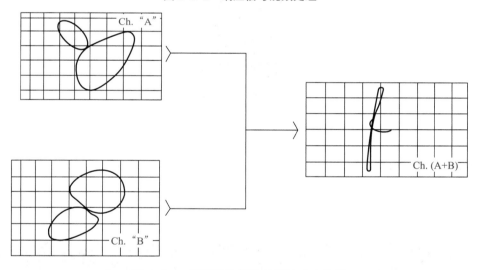

图 6-5-2　撑板处有缺陷的涡流响应信号

■ 四、检测步骤（二维码 6-5-1）

（1）根据样管材料及壁厚选定两个工作通道的检测频率为 f_1、f_2，且 $f_1=f_2$ 或 $f_1=4f_2$。

（2）调整仪器通道相位旋钮（或按键），使铜合金样管中通孔缺陷相位角为 40°，外表面 80%、60%、40% 及 20% 壁厚槽形缺陷响应信号的相位角分别约为 80°、110°、135°、310°。

（3）调整仪器通道 1 增益旋钮（或按键），使通孔缺陷响应信号幅度为满屏刻度的 70% ～ 80%。

（4）将钢环套在铜合金样管无人工缺陷的位置上，拉动探头使之产生响应信号。

（5）调整仪器通道 2 相位旋钮（或按键），使钢环在通道 2 上响应信号的相位角为 310°左右。

（6）调整仪器通道 2 增益旋钮（或按键），使钢环在通道 2 上响应信号的幅度与通道中通孔缺陷响应信号的幅度相等。

（7）将钢环套在铜合金样管通孔缺陷的位置上，观察混频通道上的响应信号，并记录于表 6-5-1 中。

表 6-5-1 铜管缺陷深度与相位关系

深度相位	20% 外	40% 外	60% 外	80% 外	100%	10% 内
不带钢环						
带钢环						

二维码 6-5-1 带铁磁性支撑板的铜管多频涡流检测

■ 五、思考

如何通过相位角判断缺陷的位置与深度？

任务六 典型零件涡流检测

典型零件指适合采用放置式线圈检测的材料和零件，既包括形状复杂的零件，也包括管、棒材以外的形状规则的材料和零件，如板材、型材等。典型零件在生活、生产中使用广泛，因此对其进行无损检测有着重大意义。

■ 一、检测目的

通过选择一个铁磁性或非铁磁性零件进行探伤，掌握采用放置式线圈检测典型非规则形状零件的操作技能。

166

二、检测设备和器材

（1）涡流探伤仪（EEC-35+）。

（2）放置式线圈。

（3）铝合金或钢对比试块（刻有 0.2 mm、0.5 mm、1.0 mm 深的人工槽形缺陷）。

（4）待测铝合金或钢零件。

三、检测原理

缺陷的响应信号幅值与缺陷深度有良好的对应关系，所以可以根据信号幅值评定缺陷深度。在涡流检测中选择合适的检测频率至关重要，可以通过透入深度的公式计算得出合适的频率范围，见式（6-1-1）。

铝合金的相对磁导率为 1，电导率为 35.4 MS/m，假设有效透入深度为 0.5 mm。计算得出理论检测频率为 279 kHz，但实际选定的工件频率应低于这个极限值，可选的频率范围为 100 ～ 270 kHz。

四、检测步骤

（1）对于铁磁性零件，工作频率选为 100 kHz；对于非铁磁性零件，工作频率为 200 kHz（或者其他合适频率）。

（2）在对比试块上依次扫查 0.2 mm、0.5 mm 和 1.0 mm 深的人工缺陷。

（3）调整仪器相位旋钮（或按键），使探头提离响应信号的相位角为零。

（4）调整仪器增益旋钮（或按键），使 0.5 mm 深槽形缺陷响应信号的幅度为满屏刻度的 20% ～ 30%。

（5）扫查对比试块上 0.2 mm、0.5 mm 和 1.0 mm 深的人工槽缺陷，如图 6-6-1 所示，记录各伤响应信号的幅度和相位角。

（6）扫查零件，确定缺陷的数量、位置、大小、方向及深度，签发检测报告，见表 6-6-1。

二维码 6-6-1 给出了铝合金平板的涡流检测操作过程。

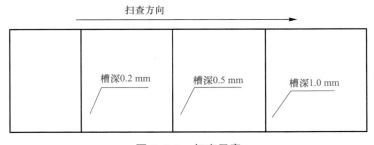

图 6-6-1 扫查示意

表 6-6-1　典型零件涡流检测报告

涡流检测报告				
试件规格：150 mm×150 mm×15 mm		试件材料：铝合金		试件标码号：A××××
仪器型号：EEC-35+		探头型号：××××		标准试样：铝合金试块
探头驱动：5*			探头前置增益：15 dB	
检测频率：500 kHz		增益：22 dB		相位：90°
检测灵敏度：标准试块 0.5 mm 宽缺陷信号达到满屏 80%			检测比例：100%	

缺陷部位示意图：

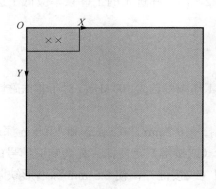

缺陷编号	缺陷定位				缺陷定量	
	缺陷起点位置坐标 /mm		缺陷终点位置坐标 /mm		最高幅值 /%	相位 /°
	X_1	Y_1	X_2	Y_2		
1						
2						
3						
4						
5						
6						

注：1. 试件以钢印××面为正面，钢印××位于试件左上角，缺陷定位以"↳"标记为坐标原点；

2. 缺陷部位示意图必须标注的信息包括缺陷编号和缺陷大致位置；

3. 规定 X 值小的为缺陷起始点，X 值大的为缺陷终点；当 X 值相同时 Y 值小的为缺陷起始点，Y 值大的为缺陷终点。

任务七　铝合金板材电导率测试

电导率的测量是指利用涡流检测技术测量出非铁磁性金属的电导率值，通过电导率值的测量结果可以进行材质分选、热处理状态的鉴别等。因此，掌握电导率测量方法是十分重要的。

■ 一、测试目的

（1）熟悉涡流检测设备的电导率测试功能。
（2）掌握铝合金板材电导率的涡流测试技能。

■ 二、测试设备及器材

（1）含电导率测试功能的涡流仪（以 SMART-201STC 为例）。
（2）电导率标定试块组。
（3）被测铝合金板材（厚度 $\delta \geqslant 1.5$ mm、0.5 mm $\leqslant \delta \leqslant 1.0$ mm）。

■ 三、测试原理

当载有交变电流的线圈接近导电材料时，线圈内交变电流产生的交变磁场会在导电材料表层生成涡旋状流动的电流，该涡旋电流的大小除了与激励磁场的大小及交变电流的频率有关外，还与导电材料的电磁特性及尺寸等参数密切相关（二维码 6-7-1 介绍了涡流电导率仪的基本原理）。对于非铁磁性的铝合金，其相对磁导率 $\mu_r=1$，因此其磁特性参数 $\mu=\mu_0\mu_r$ 是一个常量。对于确定的仪器，当线圈紧密接触厚度无限大的铝合金平板时，影响涡流场大小的只有一个变量，即铝合金板材的电导率。为了精确测量出电导率的微小变化，通过复杂的阻抗分析、计算和比较试验，确定了电导率在 1%IACS ~ 100%IACS 范围的金属及其合金最合适的测试频率为 60 kHz 左右。

利用涡流电导仪测量非铁磁性金属及其合金电导率的技术本身比较简单，只要试件的厚度、大小、表面状态等满足测试条件要求，使用量值准确的电导率标准试块校准性能合格的电导仪，即可直接测量出材料和零件的电导率值，并据此进行牌号、状态的识别或分选。不同于其他非铁磁性金属，由于铝合金的一些力学性能（如硬度）与其电导率之间具有密切的对应关系，如图 6-7-1 所示，因此铝合金电导率的涡流检测技术应用更为广泛。

二维码 6-7-1　涡流电导率仪基本工作原理

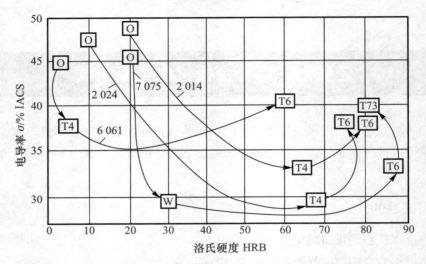

图 6-7-1　几种牌号铝合金的热处理状态、硬度及电导率之间的关系

■ 四、测试步骤（二维码 6-7-2）

（1）准备一个电导率探头及几个数值不同的电导率试块（如 1.05%IACS、8.93%IACS、25.36%IACS、28.46%IACS、32.00%IACS、36.16%IACS、42.48%IACS、47.88%IACS、58.51%IACS、88.80%IACS、101.25%IACS），为了标定更精准，建议标定时多标定几种不同的电导率试块。

（2）将电导率探头通过探头线插到仪器 LEMO7 芯上，将电导率探头放置在电导率试块上。

（3）单击"调试"对应的按键，设置频率为 80 kHz，查看校准曲线是否正常（应是一个正弦波形），如果波形超过界面饱和，可设置"前置增益"和"驱动"参数使波形不超过界面的 2/3。

（4）单击"检测"对应的按键回到检测状态，按"F6"键进入阻抗界面，设置增益、平衡位置 X 和 Y 等参数。

（5）设置好参数后，将电导率探头朝上放置，按"F4"键平衡归零，再将电导率探头依次放到电导率试块上检测，不同电导率试块的相位不一样。

（6）单击"标定"对应的按键，设置标定参数。

（7）按右边的数字对应的按键将 1 ～ 14 对应的电导率值"%ICAS"设置为 0、1.05、8.93、25.36、28.46、32.00、36.16、42.48、47.88、58.51、88.80、101.25。

注：输入"1"就按右边仪器面板上第一排的左键，输入"2"就按右键。依此类推，小数点就按右边仪器面板上第六排的左键，"撤销数值"就按右键。

（8）按"F3"键开始采集幅度值，再按"F4"键进行平衡取零点。

（9）按"下移"键对应的按键将光标移到第2行的"P"值，按"F3键"，再将电导率探头放置在1.05%ICAS电导率试块上，幅度值发生变化，等数值稳定后按"ESC"键退出，则1.05%ICAS电导率试块相位值标定完成。

（10）将1.05%ICAS电导率试块换成8.93%ICAS电导率试块，按"下移"对应的按键，再按"F3"键获取8.93%ICAS电导率试块相位值。

（11）按"ESC"键则8.93%IACS电导率试块相位值标定完成，再依次将试块换成25.36%IACS、28.46%IACS、32.00%IACS、36.16%IACS、42.48%IACS、47.88%IACS、58.51%IACS、88.80%IACS、101.25%IACS，标定其相位值。

注：按"换页"对应的按键可标定9～16行的数值。

（12）14个试块相位值都标定完后按"确认"键完成标定并退出标定主菜单，再按"检测"对应的按键进入检测界面。单击软件界面右边"显示曲线"对应的按键查看标定曲线。

（13）先将电导率探头朝上，按"F4"键平衡。

（14）将电导率探头放在1.05%IACS电导率试块上，检测出电导率。

注：数字滤波可以打开设置成10左右，可滤掉一些噪声。

（15）再将电导率探头放在101.25%IACS电导率试块上，检测出电导率。

（16）准备一个未标定过的电导率试块，如31.88%IACS，检测出电导率。

二维码 6-7-2　涡流电导率仪的基本使用方法

■ 五、铝合金电导率测量工艺卡示例

表 6-7-1 所示为铝合金薄规格板电导率检测工艺卡。

表 6-7-1　0.5～1.5 mmLY12CZ 裸铝板材电导率涡流检测工艺卡

零件名称	0.5～1.5 mm 裸铝板材	材料	LY12、状态 CZ
依据标准和（或）检测规程	《铝合金电导率涡流测试方法》（GB/T 12966—2008）	验收标准	《铝合金电导率和硬度要求》（GJB 2894—1997）
仪　器	Sigmatest 2.607	探头及编号	

| 检测参数：
　环境温度要求：20 ℃ ±5 ℃，且仪器、探头、试块、板材之间温差小于等于 3 ℃。
　每张板上至少选择 5 个测量部位，每个测试部位上至少测量 3 次 | 对比试块：
　低值标准试块：10.0 MS/m 左右，15.4 MS/m。
　高值标准试块：15.4 MS/m，20 MS/m 左右。
　电导率标准试块在检定合格有效期内 |

检测步骤：

（1）开机，预热 15 min，选择合适的低值和高值电导率板块校准仪器。

（2）确定修正系数。

（3）选择 3 张相同厚度板材，分别为 a、b、c。

（4）按①、②、③方式叠加 3 张板材，分别在边角和中心位置测量电导率，并求出 3 种叠加方式的电导率的平均值。

（5）分别单独在 a、b、c 板材上测量各板材的视在电导率值，并求出视在电导率的平均值。

（6）按电导率修正公式求出该厚度裸铝板的电导率修正值。

（7）在被检测板材的边角和中心处测量电导率值。

（8）被检测板材电导率值 = 视在电导率值 + 电导率修正值。

（9）按《铝合金电导率和硬度要求》（GJB 2894—1997）标准进行电导率值验收（16.5 ～ 19.4 MS/m）。

（10）记录板材电导率值的最小值和最大值，对于超出电导率验收值的板材，应报告电导率值。

（11）每隔 15 min 重新校验一次仪器

叠放顺序	叠加方式		
	①	②	③
最上层	a	b	c
中间层	b	c	a
最下层	c	a	b

修正公式：

　被测板材电导率值 = 视在电导率值 + 电导率的修正值（电导率的修正值根据试验确定）

备注（必要时）：

（1）当被检测板材的视在电导率值低于 12 MS/m 时，选用电导率值在 10.0 MS/m 和 15.0 MS/m 左右的标块校准电导仪。

（2）当被检测板材（包括叠加方式下）的电导率值大于 18 MS/m 时，选用 15.0 MS/m 和 20.0 MS/m 的标块校准电导仪。

（3）用于确定修正系数的 3 张裸铝板材的电导率的均匀性应优于 0.3 MS/m，以叠加方式测得的电导率值 $\sigma_{①}$、$\sigma_{②}$、$\sigma_{③}$ 之间相差小于 0.5 MS/m。

（4）叠加测量时应用力压被测板材，以保证各层板材被贴紧

编制 / 日期 / 级别	审核 / 日期 / 级别	批准 / 日期
×××/200×-××-××/ Ⅱ级	×××/200×-××-××/ Ⅲ级	×××/200×-××-××

■ 六、知识技能拓展

　　二维码 6-7-3 演示了电导率仪的重复性测试，重复性越好，说明设备性能越稳定；二维码 6-7-4 介绍了电导率测试在飞机维修 - 热损伤检测过程中的重要作用。

二维码 6-7-3 涡流电导率仪的重复性测试　　二维码 6-7-4 铝合金热损伤涡流电导率测试

任务八　覆盖层厚度测量

覆盖层厚度测量技术分为涡流测厚与磁性测厚两种，其应用范围广，是必须掌握的涡流检测技术之一。

■ 一、测试目的

（1）掌握铁磁性基体上非铁磁性覆盖层厚度的电磁测量方法。

（2）掌握非铁磁性基体表面非导电覆盖层厚度的涡流测量方法。

■ 二、测试设备和器材

（1）涂层测厚仪（TIME2601）。

（2）铁基探头。

（3）非铁基探头。

（4）标准厚度膜片。

（5）不带镀铬层的钢板试样与带镀铬层的钢板。

（6）不带漆层的铝合金试样与带漆层的铝合金。

■ 三、测试原理和步骤

1. 钢板表面镀铬层厚度测量

（1）测试原理。基体为铁磁性材料，如碳钢，覆盖层为非铁磁性材料，包括非导电的漆层、阳极氧化膜和导电的铜、铬、锌的镀层时，常使用磁性法测厚。

机械式磁性测厚法的原理如图 6-8-1 所示，测厚装置的核心部分是探头中的永久磁铁。测量时，探头与非铁磁性覆盖层接触，由于铁磁性基体与探头内永久磁铁的磁引力作用，永久磁铁克服弹簧的弹力向下移动，位移的大小取决于覆盖层的厚度。覆盖层薄，磁引力大，永久磁铁的位移就大；反之，覆盖层厚，磁引力小，永久磁铁的位移就小。由于不同基体材料的磁性大小不同，因此在测量前需要采用标准厚度膜片针对具体的基体材料进行校准。

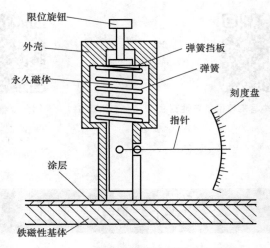

图 6-8-1　机械式的磁性测量方法原理

（2）测试步骤。

1）选择合适的标准厚度膜片覆盖在不带镀铬层的钢板试样上校准仪器。

2）在带镀铬层的钢板试样上进行覆盖层厚度测量。

3）记录测量数据。

2. 铝合金表面漆层厚度测量

（1）测试原理。基体为非铁磁性材料，如铜及铜合金、铝及铝合金、钛及钛合金等，覆盖层为非导电材料，如漆层、阳极氧化膜时，常用涡流法测厚。利用涡流检测中的提离效应。提离效应是指随着检测线圈离开被检对象表面距离的变化而感应到涡流反作用发生改变的现象。

为了提高涡流测厚的灵敏度和准确度，测厚仪选用了很高的检测频率，一般在 $1 \sim 10\,\mathrm{MHz}$ 的频率范围内。影响测厚的因素除检测频率外还包括基体的导电性、基体的厚度、测量部位的形状尺寸等。图 6-8-2 可以清楚地看到基体材料电导率的差异对膜层厚度测量的影响的规律。

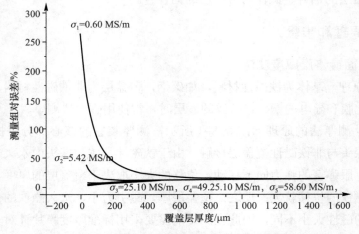

图 6-8-2　基体电导率不同对膜层厚度测量的影响

（2）测试步骤（二维码 6-8-1）。

1）选择合适的标准厚度膜片覆盖在不带漆层的铝合金试样上校准仪器。

2）在带有漆层的试样上进行覆盖层厚度测量。

3）记录测量数据。

二维码 6-8-1　涂层测厚仪的使用

■ 四、覆盖层厚度涡流测量工艺卡示例

表 6-8-1 所示为铝合金超声纵波检测用标准试块阳极氧化膜厚度涡流检测工艺卡。

表 6-8-1　铝合金超声纵波检测用标准试块阳极氧化膜厚度涡流检测工艺卡

零件名称	铝合金超声纵波检测用标准试块	材料	7075T4
依据标准和（或）检测规程	《非磁性基体金属上非导电覆盖层 覆盖层厚度测量 涡流法》（GB/T 4957—2003）	验收标准	阳极氧化膜厚度要求：8 ～ 15 μm
仪器	Mini2100	探头及编号	
检测参数：无		对比试块： 基体：未阳极化的试块。 标准厚度片： （1）基体表面进行零校准。 （2）δ=25 μm 薄膜	
检测步骤： （1）连接仪器、探头，开启仪器，预热 15 min。 （2）校准仪器。 （3）探头置于未阳极化的试块表面上校准仪器零点。 （4）在试块表面放置厚度为 25 μm 的标准膜片进行校准。 （5）按右图标准位置分别测量①～④点平面上和⑤～⑧点曲面上的阳极氧化膜层厚度。 （6）对于厚度超出 8 ～ 15 μm 范围的位置，重新校准仪器并在该位置读取三次测量数据，以三次测量数据的平均值为准。 （7）连续测量时，每隔 30 min 重新校准一次仪器		零件（结构）示意图及扫查方式：  ①～④点为试块上、下表面上的测试点，选择点时应避免边缘效应影响 ⑤～⑧点为试块圆柱面上的测试点，各点依次间隔约 90°、180°、270°，测试时探头应垂直于圆柱表面	

零件名称	铝合金超声纵波检测用标准试块	材料	7075T4

备注（必要时）：
　　受试块圆柱曲面的影响，应分别测量试块上、下表面和圆柱表面阳极化膜层的厚度，既不允许在平面上校准仪器后到柱面上测量，也不允许在柱面上校准仪器到平面上测量

编制 / 日期 / 级别	审核 / 日期 / 级别	批准 / 日期
×××/200×–××–××/ Ⅱ级	×××/200×–××–××/ Ⅲ级	×××/200×–××–××

任务九　飞机发动机叶片涡流检测及工艺卡编制

　　叶片是发动机中的重要承力件。其制造工艺主要有精密铸造和锻造。由于该产品的质量要求很高，一般在叶片制造阶段必须进行无损检测。对于铸造叶片，通常采用 X 射线照相方法检测叶片的内部质量，采用荧光渗透方法检测其表面开口型缺陷；对于锻造叶片，一般是采用超声检测方法对用于锻造叶片的小直径棒材进行检测，以保证用于锻造叶片原材料的内部质量，锻造成形后的叶片表面质量，仍然大多采用荧光渗透方法进行检测。与上述无损检测方法相比，从检测方法的能力、检测效率考虑，在叶片制造阶段，涡流检测方法不是优先选择的技术手段。

　　叶片在使用阶段最可能出现的缺陷为疲劳裂纹，在叶片不允许拆卸条件下进行原位检测时，X 射线照相、超声波和渗透检测方法的应用都受到很大限制，因此涡流检测成为首选的无损检测方法。

■ 一、叶片涡流检测的基本流程

　　关于叶片涡流检测的基本流程，共有七步。

　　（1）明确检测要求。检测要求主要包括两个方面的内容，一是检测区域，二是要求检测裂纹的深度和长度。这两方面的检测要求可能由专门的技术文件（如维修手册）给出，也可能没有相关的技术文件。对于后一种情况，一般根据叶片被检测部位的形状和表面状态结合涡流检测方法的最大能力来确定检测裂纹的最小尺寸。

　　（2）依据标准的选择要求，确定检测所遵照的检测技术标准。

　　（3）明确对比试块的制作要求。对比试块人工缺陷的制作要求包括缺陷形式、加工部位及大小。这些要求是根据检测要求和涡流检测能力确定的，对比试样应选择与实际被检

测叶片材料和形状相同或相近的叶片制作。

（4）确定选用仪器的要求。仪器性能要求主要应考虑七个方面：一是便携性；二是供电方式，由于外场作业，如果不能方便地获得电网的供电，应要求仪器能以干电池供电的方式使用；三是检测线圈连接插口要求；四是工作频率范围，根据叶片表面一般较光洁和检测裂纹尺度很小的特点，应要求涡流仪具有较高的频率；五是提离抑制性能；六是信号响应方式，必要时应提出阻抗平面显示要求；七是报警方式，如果实操检测过程中不便于对显示信号的持续观察，提出仪器应具有声或光报警的要求尤为重要。

（5）确定检测线圈（探头）的要求。由于叶片形面复杂，检测线圈的选择对于保证检测结构的准确、可靠尤为重要。放置式线圈是叶片涡流检测的必然选择，从检测目标——疲劳裂纹的涡流响应特点和减小由叶片形面引起的耦合不一致的干扰影响两方面考虑，选择小直径的差动式线圈更为适宜。为更好地适应叶片复杂的外形，减小或消除提离因素的干扰，条件允许时应提出使用探头扫查专用靠具或使用特殊形状探头的要求。

（6）提出检测人员资格要求。实施叶片涡流检测的人员应具有涡流检测Ⅰ级及以上资格，如需要对检测结果出具检测报告，则不能由Ⅰ级人员独立实施检测工作。

（7）依据检测标准执行检测操作。

■ 二、叶片涡流检测工艺卡

检测工艺卡是针对确定的叶片编写的，如果缺少具体的条件，则无法编制适用的检测工艺卡。下面给出一些必要的虚拟条件，并根据这些条件和要求，以表格形式给出叶片涡流检测工艺卡示例。由于该检测工艺卡是针对虚拟的对象和一些假设条件编制的，不可直接套用到与之情况不同的叶片检测中，只作为学习涡流检测工艺卡编制的素材。

叶片名称：发动机叶片。

检测部位：叶片加强筋。该部位为重要受力部位，由于设计尺寸偏小，加上该部位上方为叶片浇冒口，连续多次的叶片断裂的疲劳裂纹源均出现在加强筋上。

检测要求：

（1）不允许加强筋表面有深度大于 0.2 mm 裂纹。

（2）不允许表面下 1 mm 深度范围内有尺寸大于 1 mm 的缺陷。

根据上述条件和要求，按照相关的叶片涡流检测规程编制的检测工艺卡见表 6-9-1。

表 6-9-1　发动机空心叶片加强筋涡流检测工艺卡

零件名称	空心叶片	材料	K5	状态	—
仪 器	M12-20A	线圈类型	差动式放置	线圈编号	S/N 30023
仪器检测参数： 频率：f=80 kHz，相位：P=135° 增益：G=42 dB 垂直 / 水平分量比：V/H=2.0 报警闸门：（略）			对比试样。选择一个实际叶片作为对比试样，在加强筋表面加工一个深度为 0.2 mm 的线切割槽，在距加强筋表面下方 1 mm 深度位置上钻制 ϕ1 mm 通孔（图略）		

检测步骤： （1）开机，仪器自检； （2）检测参数设置与调整； （3）用直角探头扫查对比试样上的两个人工缺陷，涡流响应信号幅度应大于满屏幅度的40%； （4）保持探头线圈垂直于加强筋，完整平稳地扫查加强筋； （5）重复探测出现异常信号部位，并做记录； （6）每隔1h，重新校验一次仪器工作状态	零件示意图及扫查方向（箭头所指即为扫查方向）： 

说明（必要时）：略		
编制 / 日期 / 级别	审核 / 日期 / 级别	批准 / 日期
×××/20××–××–××/ Ⅱ级	×××/20××–××–××/ Ⅲ级	×××/20××–××–××

任务十　机翼下壁板腐蚀涡流检测及工艺卡编制

■　一、基本流程

（1）明确检测条件与目的。

（2）依据标准选择。

（3）制作（选择）对比试块。

（4）选用仪器及检测探头。

（5）确定人员资格。

（6）依据检测标准执行检测操作。

■　二、机翼下壁板腐蚀检测要求

（1）腐蚀缺陷的特征与涡流响应的特点。通常腐蚀形成的区域较大，腐蚀的深度由中心区域到边缘区域呈缓慢减小的特征，对于这种变化，差动式线圈的响应不如绝对式线圈显著。

（2）机翼壁板外表面（即探测面）具有平整、面积大的特点，适于采用线圈尺寸较大的平探头。

（3）壁板具有一定的厚度，仪器和线圈的工作频率范围应与之相适应。

（4）腐蚀的深度是检测关注的目标。

（5）人工缺陷的制作形式对于腐蚀缺陷的代表性。

三、机翼下壁板涡流检测工艺卡

某型号客机在大修中多次发现中央机翼下壁板腐蚀，有的情况相当严重，直接影响飞机的安全飞行。该型飞机中央机翼壁板材料为硬铝合金，厚度约为 4 mm，其结构图见表 6-10-1 的检测工艺卡。

检测要求：

（1）确定腐蚀深度。

（2）确定腐蚀的位置、面积大小。

根据上述条件和检测要求，编制检测工艺卡见表 6-10-1。

表 6-10-1　中央机翼下壁板涡流检测工艺卡

零件名称	中央机翼下壁板	材料	2A12
仪器	MIZ-20A	探头及编号	绝对式线圈 S/N：40070

仪器检测参数： 频率：f=800 Hz 相位：P=273° 增益：G=72 dB 垂直/水平比：V/H=2.0 线圈形式：Absolute（绝对式）	 对比试块：C201A320-14
检测步骤： （1）开机，仪器自检。 （2）检测参数设置与调整。 （3）用平探头扫查对比试样，获得深度为 1 mm、2 mm、3 mm 人工槽形缺陷的响应信号。 （4）沿右机翼翼展方向扫查下壁板，扫查间距 30 mm，扫查速度不大于 3 m/min。 （5）重复扫查出现异常信号部位，并记录缺陷的部位、大小及深度。 （6）连续工作时，每隔 1 h 核验仪器工作状态是否正常	零件示意图及扫查方向：

说明（必要时）：

当根据扫查方式获得的响应信号的相位角不容易判定腐蚀深度时，可参考利用检测线圈在该位置上的提离信号的相位角进行判定

编制/日期/级别	审核/日期/级别	批准/日期
×××/200×-×××-××/Ⅱ级	×××/200×-××-××/Ⅲ级	×××/200×-××-××

任务十一　核设备螺栓涡流检测工艺卡编制

核反应堆相关的检测规范要求对压力容器、主泵组件上直径大于等于 48 mm 的承压螺栓螺母进行涡流检测，其目的是发现螺栓和螺母螺纹根部可能出现的裂纹。直径在 48 ～ 76 mm 范围的主泵螺栓的涡流检测工艺卡见表 6-11-1。主螺母螺纹根部裂纹的涡流检测方法与之相似，只不过是将涡流检测探头镶嵌在外径大小与被检测螺母配套的螺栓内。

表 6-11-1　48 ～ 76 mm 主泵螺栓涡流检测工艺卡

零件名称	主泵螺栓	材料	30CrMnSiA
仪器	ET-39	探头及编号	差动式线圈，P-100-126

频率：f=100 kHz 相位：P=290° 增益：G=54 dB 线圈连接方式：Differential 转速：50 ～ 70 r/min	对比试块： 人工缺陷　宽　深 A　0.2　2 B　0.2　1 C　0.2　0.5
检测步骤： （1）开机，预热 10 min。 （2）设置和调整仪器检测参数。 （3）开启扫查转台和纸带记录仪。 （4）扫查对比试样人工缺陷，记录扫查结果。 （5）螺栓自动扫查。 （6）当出现可疑信号时，重复进行检测，并记录深度大于 0.5 mm 的缺陷响应。 （7）每隔 30 min 用对比试样进行期间核查	零件（结构）示意图及扫查方向（箭头所指即为扫查方向）： 涡流探头 螺母支架　　螺栓
备注（必要时）： （1）螺栓检测应使用配套的 SM97 型传动转台和 HP8048 纸带记录仪。 （2）检测不同直径和螺距的螺栓时，应选用配套规格的螺母支撑，以保证探头与螺纹根部的最佳耦合	

编制 / 日期 / 级别	审核 / 日期 / 级别	批准 / 日期
×××/200×－××－××/ Ⅱ级	×××/200×－××－××/ Ⅲ级	×××/200×－××－××

任务十二　管棒材涡流检测及工艺卡编制

不同材质的管棒材（包括铝合金、不锈钢、铜合金等）在航空、航天、核、船舶、兵器等军工部门武器装备制造及核电站建设方面有着广泛的使用，如飞机、火箭的液压油路系统和核反应堆的各种热交换器都大量使用金属管材；包括舰船和装甲战车、火炮在内，几乎所有的大型武器装备都缺少不了紧固件的使用。本任务以核反应堆中蒸气发生器冷凝管和用于制造紧固件的小直径棒涡流检测为例，介绍相关检测过程要点和检测工艺卡的编制。

■ 一、热交换器的涡流检测

1．检测过程要点

（1）明确检测要求。

（2）检测标准选择。虽然我国国家标准和军用标准中有关于多种金属管材的涡流检测方法标准，但均不适用于在设备管道的检测。国外标准中有以下标准可供参考和引用：

1）ASTM E690-98 Standard Practice for In Situ Electromagnetic（Eddy-Current）Examination of Nonmagnetic Heat Exchanger Tubes. 非磁性热交换器管在役电磁（涡流）检验实施方法。

2）ASTM E2096-00 Standard Practice for In Situ Examination of Ferromagnetic Heat-Exchanger Tubes Using Remote Field Testing. 在役铁磁性热交换器管的远场涡流检验实施方法。

3）MIL-STD-2032 Eddy Current Inspection Heat Exchanger Tubing on Ships of the United States Navy. 美国海军舰船用热交换器管的涡流检测。

（3）人员资格与相关知识。从事核设施涡流检测的人员除了应取得本专业的Ⅱ级以上资格证书外，还应按相关标准、规范要求，具有关于组件结构与安全运行方面知识培训经历，以及信号分析和处理技术方面足够的知识和经验。

（4）仪器和辅助设备。核反应堆停堆例行检查中包括很多涡流检测项目，不仅包括管道，还涉及螺栓、螺母等各种类型机械零件。从这个角度考虑，应提出可满足不同类型产品和零件检测要求的涡流仪器、探头及自动化辅助设备。除此之外，核设施的检测要特别注意记录的保存，因此还应对各种用途的记忆示波器、光线示波器、磁带记录仪、纸带记录仪等波形记录装置提出配备要求。

（5）仪器校准与对比试样检定。核设施的高安全运行的特性要求涡流仪器设备和对比试块应具有足够的检测精度和检测可靠性，对检测仪器和对比试样人工缺陷提出送权威部门或专门机构定期进行校验和检定的要求是非常重要和必要的。

2．热交换器涡流检测工艺卡

蒸气发生器是压水堆核电站的关键设备，其工作环境及运行状况导致传热管容易产生腐蚀、凹痕、疲劳裂纹等多种缺陷，并且这些缺陷分布于管体、管板支撑处，弯管部件以及胀管区。表 6-12-1 是针对某反应堆蒸气发生器用 $\phi 20$ mm×1.5 mm 奥氏体不锈钢管的在役检测要求编制的多频涡流检测工艺卡，多频涡流检测技术的采用是根据相关检测规范要求和管板支撑结构特点而确定的。

表 6-12-1　$\phi 20$ mm×1.5 mm 奥氏体不锈钢蒸气发生器管多频涡流检测工艺卡

零件名称	QSV 蒸气发生器管道	材料	1Cr18Ni9Ti，规格 $\phi 20$ mm×1.5 mm
依据标准和（或）检测规程	JCGC/QSV-ET02C-2003	验收标准	JCYB/QSV-1334（Part Ⅱ）
仪器	MIZ-18 多频涡流仪	探头及编号	差动式线圈，No.897819

检测参数：
频率：f_1=400 kHz，f_2=100 kHz，f_3=75 kHz
相位：P1、P2、P3
增益：G_1、G_2、G_3
线圈连接方式：均为差动式
推进或拉出速度：≤ 12 m/min

对比试块：

检测步骤：
（1）按检测系统操作说明书连接仪器、探头、推进器、定位器及各种监控、记录装置。
（2）接通系统电源及各部分电源开关。
（3）系统调试：设定检测参数，利用对比试样管分别调试仪器各通道工作状态。
（4）调试，验证混频处理是否消除隔板干扰信号。
（5）按相关文件要求依序对 QSV 蒸气发生器全部管道进行检测。在对每根管子进行检测时，应采取将探头推进到最远端，再在拉回探头时进行信号记录与存储。
（6）每隔 2 h 对比样管进行期间检查，怀疑仪器工作异常时，应及时用对比样管进行校验，必要时，重新进行检测。
（7）离线进行信号分析和处理

零件（结构）示意图及扫查方式：

备注（必要时）：辅助设备：4D 推进器，SM-10 机械手定位器，HCD-75Z 磁带记录仪，HP9836 主机，HP6L 打印机		
编制／日期／级别	审核／日期／级别	批准／日期
×××/200×-××-××/ Ⅱ级	×××/200×-××-××/ Ⅲ级	×××/200×-××-××

■ 二、棒材的涡流探伤

金属棒材在各种武器装备制造中广泛采用，对于直径较大的棒材，一般采用超声检测方法进行检测。对于直径小于 6 mm 的棒材，超声检测方法的实施则受到很大的限制。本任务以某重点型号产品研制所用的 $\phi 3.0 \sim \phi 5.5$ mm 小规格钛合金棒为例，简要介绍涡流检测规范的编制，最后给出检测工艺卡。

$\phi 3.0 \sim \phi 5.5$ mm 小规格钛合金棒用于制造紧固件，即螺栓、螺母类产品，属受力件，由于过去从未对该类小直径棒进行探伤，因而没有相关的检测方法标准和质量验收标准。设计部门提出以涡流检测方法的最大检测能力作为质量验收标准，即不允许存在涡流检测方法能够发现的任何缺陷，因此在编制规范时，应通过充分的试验确定涡流方法检测钛合金小棒材缺陷的能力。

关于检测技术的选择，最重要的是线圈结构和对比试样人工缺陷形式。对检测线圈和对比试样的基本要求，应根据被检测对象的生产工艺容易产生缺陷的类型与特点以及加工成零件的受力状况等因素确定。例如，从小直径钛棒的冷拉工艺分析，形成沿棒材轴向方向的纵向缺陷的概率较大，应加工制作纵向人工槽形缺陷来模拟纵向的自然缺陷，如折叠、划伤、裂纹等。但从小直径棒制品的受力状况方面讲，棒材上周向缺陷对紧固件的安全使用危害最严重，从这个角度考虑应制作周向人工槽形缺陷模拟可能出现的周向自然缺陷。外通过式线圈具有检测速度快的优点，但在线圈中心轴线上的磁场为零，因此采用外通过式线圈无法检测棒材中心轴线区域的质量，必要时应考虑辅以放置式线圈进行补充检测。

可根据上述条件和要求编制小直径棒材的涡流检测规范，如果被检测产品的种类及规格十分有限，也可根据上述条件和要求直接编制涡流检测工艺卡，见表 6-12-2。

表 6-12-2　$\phi 3.0 \sim \phi 5.5$ mm 规格 TC16 棒材涡流检测工艺卡

零件名称	$\phi 3.0 \sim \phi 5.5$ mm 小直径钛棒	材料	TC16
仪器	ET-204	探头及编号	差动式线圈，No.370415P
检测参数： 频率：f=50 $\sim$ 80 kHz 相位：P=70° 增益：58 $\sim$ 64 dB 填充系统：$\eta > 0.6$ 检测速度：10 $\sim$ 15 m/min		对比试块： （略）	

检测步骤： （1）按检测系统操作说明书连接仪器、探头、传动装置及打标记录器。 （2）接通系统电源及各部分电源开关。 （3）按要求设定检测参数，利用对比试样调试仪器工作状态，灵敏度和报警闸门设置应保证 3 个深 0.2 mm 槽形缺陷均报警，1 个深 0.1 mm 槽形缺陷有明显响应，但不触发报警。 （4）在相同的检测条件下检测对应规格的小直径棒材，当改变检测棒材规格时，应更换检测线圈，并利用相同直径规格的对比试样重新调整灵敏度和报警门槛。 （5）每隔 1 h 用对比试样进行期间核查，当怀疑系统工作异常时，应及时用对比试棒进行校验，必要时重新进行可疑部分的检测	零件（结构）示意图及扫查方式： （略）

备注（必要时）：

自动探伤配套使用装置：BJF 型上、下料及分选装置，LM2-2 型记录器

编制 / 日期 / 级别	审核 / 日期 / 级别	批准 / 日期
×××/200×-××-××/ Ⅱ级	×××/200×-××-××/ Ⅲ级	×××/200×-××-××

附　　录

附件 1　超声检测Ⅰ/Ⅱ级人员实际操作考核一次性规定（示例）

（实际考核以现场规定为准）

一、一般性规定

1．考试试件种类及数量规定

（1）对持有 UT Ⅰ级证报考 UT Ⅱ级证及 UT Ⅱ级考试换证人员只考一块焊缝试板，不考锻件试件。

（2）对无 UT Ⅰ级证直接考 UT Ⅱ级的人员，须考锻件和焊缝试件各 1 件。

2．考试时间的规定

（1）操作时间：锻件 30 min，焊缝 60 min。

（2）报告时间：30 min。

3．试件的选取方法

抽签。签号与试件位号一一对应，选取相应的考试试件。

4．考场纪律要求

（1）考生按排号顺序表在考前 15 min 须到考场外等待。

（2）考试由考生独立完成，可带资料、计算器等辅助工具。

（3）非实时考生不得进入考场，考试完毕即刻离开考场。

（4）考场内外保持安静，不得喧闹。

（5）试件考试完毕报告监考老师停止考试时间，整理桌面，将试件按老师要求放回原处，填写探伤报告。

（6）考试过程中有问题（如仪器故障等）须举手示意，但不得询问与考试结论有关的问题。

（7）填写报告必须独立完成，不得对答案和询问他人。

二、特殊规定

1．锻件探伤

（1）操作前准备。选择正确的探测面，放置好考试试件——钢印编号面（平面，曲面）置于立面，顶面为探测面。方向如附图 1-1 所示。测量锻件试件尺寸（方锻件：长 × 宽 × 高，圆柱锻件：φ× 高）。

（2）检测操作。

1）用锻件大平底进行仪器调整。

2）用锻件大平底调节探伤灵敏度，探伤灵敏度按《承压设备无损检测 第3部分：超声检测》（NB/T 47013.3—2015）要求进行。

3）检测时如果工件中有多个缺陷，只记录两个主要缺陷。

（3）报告的填写。

1）L、B、SF/S、验收级别、结论、备注栏可不填。

2）按《承压设备无损检测 第3部分：超声检测》（NB/T 47013.3—2015）对缺陷评级。

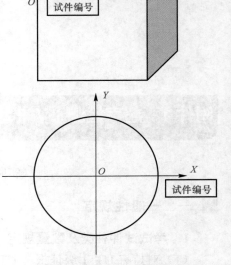

附图1-1　工件摆放示意

2．焊缝探伤

焊缝探伤设备调试和距离–波幅曲线制作在CSK–ⅠA和CSK–ⅡA试块上进行，表面耦合补偿3 dB。

焊缝工件材质为20钢（实际考核以实际为准）。

（1）操作前准备。

1）正确放置焊缝试件：钢印面为探测面，钢印置于左上角，左端边缘为测量零点。

2）测量试板尺寸（板长×板宽×板厚），查看坡口形式。

3）根据《承压设备无损检测 第3部分：超声检测》（NB/T 47013.3—2015）选用试块和探头。

4）根据仪器操作程序调节仪器。

（2）检测操作。

1）表面耦合补偿规定为3 dB。

2）距离–波幅曲线的制作，实测值不少于5点。

3）根据《承压设备无损检测 第3部分：超声检测》（NB/T 47013.3—2015）要求对焊缝进行探伤和评级。

4）焊缝两端10 mm以内缺陷不计。

5）按评定线绝对灵敏度测长，即缺陷反射波降至评定线进行测长。

6）当缺陷的反射波幅为SL–18 dB以上时，需记录缺陷。

7）试件中缺陷多于2个时，记录2个主要缺陷。

（3）缺陷检测数据记录的规定。

1）S_1：缺陷左端至0线的距离。

2）S_2：缺陷右端至0线的距离。

3）S_3：缺陷最高反射波处距0线的距离。

4）L：S_2–S_1。

5）q：缺陷处于最高反射波时缺陷离焊缝中心线的距离。

6）h：缺陷的埋藏深度。

7）F：缺陷最高反射波高，SL±XdB。

8）反射区域：Ⅰ、Ⅱ、Ⅲ区。

9）缺陷评级：Ⅰ、Ⅱ、Ⅲ级。

（4）报告。

1）填写完整，缺陷数据明确。

2）示意图上只标注缺陷示意位置和缺陷编号，如附图1-2所示。

3.锻件超声检测评分细则

锻件超声检测评分细则见附表1-1。

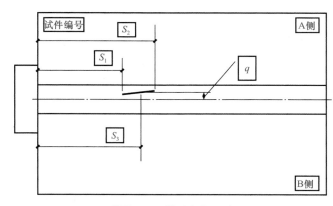

附图1-2　缺陷标记示意

附表1-1　锻件超声检测评分细则

序号	考核项目	满分	评分细则		得分	备注
1	探伤准备及灵敏度调试	15	（1）工件规格测量准确（1分）。 （2）探头频率、直径选择正确（2分）。 （3）仪器旋钮调节正确（3分）。 （4）扫描比例调节准确（3分）。 （5）对比试块选择正确（3分）。 （6）灵敏度调试符合标准要求（3分）			
2	探伤结果	15	X /mm	±4 mm 内不扣分； 每超 1 mm，每个扣 2/n 分； ≥ ±9 mm，每个扣 15/n 分		
		15	Y /mm	±4 mm 内不扣分； 每超 1 mm，每个扣 2/n 分； ≥ ±9 mm，每个扣 15/n 分		
		15	H /mm	±4 mm 内不扣分； 每超 1 mm，每个扣 2/n 分； ≥ ±9 mm，每个扣 15/n 分		
		15	BG/BF /dB	±3 dB 内不扣分； 每超 1 dB，每个扣 2/n 分； ≥ ±8 dB，每个扣 15/n 分		
		15	A_{max} /ϕ4±dB	±3 dB 内不扣分； 每超 1 dB，每个扣 2/n 分； > ±8 dB，每个扣 15/n 分		
3	级别评定及探伤报告	10	报告内容齐全、数据准确（3分）			n 为缺陷总个数
			示意图规范、完整，图形清楚（4分）			
			评级正确得 1/n 分，误差 1 级扣 3/n 分，误差大于 2 级扣 3 分（3分）			

4.焊缝超声检测评分细则

焊缝超声检测评分细则见附表 1-2。

附表 1-2　焊缝超声检测评分细则

项目名称			钢板对接焊缝超声波检测		
检测项目			评分标准		实际得分
			与标准答案	扣分	
检测结果	缺陷数量（30分）		缺陷多一处 或Ⅰ区条状缺陷少一处	扣 10 分	
			Ⅱ区及以上缺陷少一处	扣 20 分	
	缺陷定量（20分）	最高波幅度 dB（10分）	$0 \leq |\Delta dB| \leq 3$	不扣分	
			$3 < |\Delta dB| \leq 6$	扣 1 分	
			$6 < |\Delta dB| \leq 8$	扣 2 分	
			$|\Delta dB| > 8$	扣 3 分	
		长度 L（10分）	$0 \leq |\Delta L| \leq 2$	不扣分	
			$2 < |\Delta L| \leq 3$	扣 1 分	
			$3 < |\Delta L| \leq 4$	扣 2 分	
			$4 < |\Delta L| \leq 6$	扣 3 分	
			$|\Delta L| > 6$	扣 4 分	
检测结果	缺陷定位（40分）	深度 Z（10分）	$0 \leq |\Delta Z| \leq 2$	不扣分	
			$2 < |\Delta Z| \leq 3$	扣 2 分	
			$3 < |\Delta Z| \leq 5$	扣 3 分	
			$|\Delta Z| > 5$	扣 4 分	
		起始位置 X_1（12分）	$0 \leq |\Delta X_1| \leq 2$	不扣分	
			$2 < |\Delta X_1| \leq 3$	扣 1 分	
			$3 < |\Delta X_1| \leq 4$	扣 2 分	
			$4 < |\Delta X_1| \leq 6$	扣 3 分	
			$|\Delta X_1| > 6$	扣 4 分	
		最高波位置 X（12分）	$0 \leq |\Delta X| \leq 2$	不扣分	
			$2 < |\Delta X| \leq 3$	扣 1 分	
			$3 < |\Delta X| \leq 4$	扣 2 分	
			$4 < |\Delta X| \leq 6$	扣 3 分	
			$|\Delta X| > 6$	扣 4 分	
		缺陷偏离焊缝中心距离 Y（6分）	$0 \leq |\Delta Y| \leq 2$	不扣分	
			$2 < |\Delta Y| \leq 3$	扣 1 分	
			$3 < |\Delta Y| \leq 4$	扣 2 分	
			$4 < |\Delta Y| \leq 6$	扣 3 分	
	缺陷评级（3分）		每差 1 级，扣 2 分		
检测报告	检测报告内容（3分）		每错一栏扣 1 分，最多扣 3 分		
	检测部位示意图标识（4分）		起点、终点和深度，每缺少一项扣 1 分， 最多扣 3 分		

附件2 MT、PT 实际操作考试一次性规定（示例）

■ 一、考试时间

（1）MT：30 min。试板一件、试管（或管板）一件，共两件。不含发报告时间。

（2）PT：40 min。试板一件、试管或管板一件，共两件。不含发报告时间。

（3）报告时间为 20 min。

■ 二、实际操作考试程序

（1）按规定顺序入场考试。不得围观，非考试人员不得进入考场。

（2）抽签选定考试试板、试管（或管板），向监考老师报告考号、考试试件编号，开始计时。

（3）实际操作。发现试件、试板缺陷后通知监考老师查看确认。

（4）操作、测量完毕后，试块经清洗后放回原处，领取报告纸，停止计时。

（5）出考场，在指定地点签发报告并提交。

（6）操作注意事项：注意安全，防止试块、试板坠落伤人；注意卫生，维护现场环境。

■ 三、缺陷记录

1. 探测面的确定

试件编号（钢印标识）所在面为检测面。

2. 测量起始线的规定

（1）试板：MT、RT 试板均在试件编号位于左上角时进行检测。此时试件左边边线为测量起始线，如附图 2-1 所示。

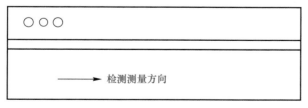

附图 2-1

（2）试管或管板。

MT 以试件上"样冲眼"组成的线为零位线，向右侧展开测量如附图 2-2 所示。

PT 试件以编号附近刻线为零位线，如附图 2-3 所示。

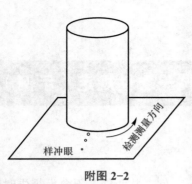

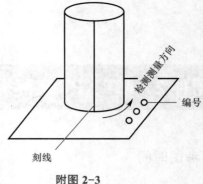

附图 2-2   附图 2-3

3. 缺陷参数的定义

（1）距离靠近的数个缺陷视为一组缺陷。

（2）每组缺陷必须测量记录 5 个参数：S_1、S_2、S_3、L、n。

（3）参数的定义。

S_1：该组缺陷最左端到测量起始线的距离；

S_2：该组缺陷最右端到测量起始线的距离；

S_3：该组缺陷中最大、最长缺陷左端到测量起始线的距离；

L：该组缺陷中最大缺陷的长度；

n：该组缺陷的个数。个数很多时，记为"密集"缺陷。具体如附图 2-4 所示。

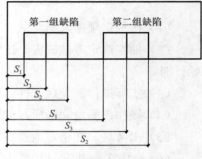

附图 2-4

附件 3　射线检测人员考试一次性规定（示例）

■ 一、射线拍片一次性规定

（1）报考人员在规定时间内完成平板对接焊接接头、管对接焊接接头拍片。

（2）实际操作时间 40 min，暗室时间 20 min（水洗在暗室外进行），共计 60 min。超时不能超过 15 min，超时小于或等于 5 min 扣 2 分，超时 5 ~ 10 min 扣 5 分，超时 10 ~ 15 min 扣 10 分。

（3）底片上标记应有：考号标记、工件标记、定位标记（中心标记和搭接标记；双壁双影透照只放中心标记）。

（4）透照方式。

1）平板：纵缝透照法。

2）管：小径管采用双壁双影透照，其他管采用双壁单影透照。

（5）一次透照长度。

1）平板：计算确定。

2）管（指双壁单影透照）：透照次数按 5 次计算确定。

（6）其他规定执行《承压设备无损检测 第 2 部分：射线检测》（NB/T 47013.2—2015）标准。

（7）本规定仅限本次考试使用，实际工作要严格执行有关规程、标准。

二、射线评片一次性规定

（1）每袋 10 张底片，每张底片上的编号应与评片考试评分表上的序号相对应。

（2）考核时间为 60 分钟（包括填写评片记录时间），不允许超时。

（3）对每张底片都必须进行评定，即使底片质量不符合标准要求，也要求进行评定。

（4）底片上有"↑"的以两"↑"之间为有效评定区，否则必须评定整张底片。试件底片两端各设 20 mm 不做评定。

（5）带丁字焊缝的底片，纵、环两条焊缝上的缺陷均应进行评定。

（6）当一张底片上存在两种或两种以上不同性质的缺陷时，每个缺陷均应予以记录，按最严重的缺陷进行评级。

（7）当底片上存在同一性质的多处缺陷，而其性质属裂纹、未熔合、未焊透三类缺陷时，应将上述缺陷全部标识。

（8）当底片上存在多处圆形缺陷时，最严重的部位必须详细标识（位置及换算点数）。其他部位的圆形缺陷只标识位置，不换算点数。

（9）缺陷定位均以中心标记为坐标，填写具体坐标数字（包括小径管底片）。

（10）单面焊根部未焊透评为Ⅳ级。

（11）单面焊根部内凹、根部咬边、未焊透和内凹的深度，不作为评级的依据。

（12）底片的标记应有识别标记（工件编号、焊缝编号和透照部位编号，管焊缝应有管线号和焊口编号）、定位标记（中心标记和搭接标记，双壁双影透照只放中心标记），如上述标记齐全，请在底片标记栏上画 √，不全者请画 ×，并在备注中注明缺少何种标记。

（13）底片上有像质计，且像质计摆放正确时，在应识别丝号栏中填写具体的像质计丝号，否则请画 ×。

（14）评片考试表中应注明所有线性缺陷的长度和最严重部位的圆形缺陷的点数。当圆形缺陷的尺寸大于 1/2 板厚时，应注明其直径。

（15）其他规定执行《承压设备无损检测 第 2 部分：射线检测》（NB/T 47013.2—2015）标准。

（16）本规定仅限本次考试使用，实际工作要执行有关规程、标准。

参 考 文 献

[1] 唐继红.无损检测试验［M］.北京：机械工业出版社，2011.

[2] 仲维畅.中国无损检测简史［J］.无损检测，2012，34（01）：52-56+72.

[3] 邓洪军.无损检测实训［M］.北京：机械工业出版社，2010.

[4] 郑晖，林树青.超声检测［M］.2版.北京：中国劳动社会保障出版社，2008.

[5] 宋志哲.磁粉检测［M］.2版.北京：中国劳动社会保障出版社，2007.

[6] 强天鹏.射线检测［M］.北京：中国劳动社会保障出版社，2007.

[7] 胡学知.渗透检测［M］.北京：中国劳动社会保障出版社，2007.

[8] 《国防科技工业无损检测人员资格鉴定与认证培训教材》编审委员会.涡流检测［M］.
北京：机械工业出版社，2004.

[9] 全国锅炉压力容器标准化技术委员会.NB/T 47013-2015 承压设备无损检测［S］.
北京：新华出版社，2015.